湖南省农田杂草防控技术与应用协同创新中心
湖南省农学与生物科学类专业校企合作人才培养示范基'
湖南省现代农业与生物工程虚拟仿真实验教学中心
农药学湖南省重点学科
农药无害化应用湖南省高校重点实验室
湖南省高校产业化培育项目（13CY030）
湖南省高校创新平台开放基金（16K047，15K066）
湖南省教育厅科学研究项目（15C0721）
湖南省科技计划项目（2016NK3090，2016NK3093）
湖南人文科技学院校企合作人才培养及社会服务项目（7411620）

水稻种衣剂应用与研究

胡一鸿　汤健良
　　　　　　　　　著
张　浩　尹洛毅

西南交通大学出版社
·成　都·

内容简介

种衣剂是对种子进行包衣的药剂，其中含有成膜物质，应用于种子包衣处理，起到防治苗期病虫害和促进幼苗生长的功效。本书以在我国南方推广面积较广的杂交水稻品种为试验材料，研究常用种衣剂对杂交水稻的应用效果，探讨种衣剂作用于水稻的生理生化机理，为种衣剂在杂交水稻种子深加工中的应用提供依据。

本书可供水稻种子加工生产企业技术人员、农业科技特派员、农业"三区"人才、驻村帮扶人员和大中专院校农学专业师生参考。

图书在版编目（CIP）数据

水稻种衣剂应用与研究／胡一鸿等著. 一成都：
西南交通大学出版社，2017.12
ISBN 978-7-5643-5974-4

Ⅰ.①水… Ⅱ.①胡… Ⅲ.①水稻－种子处理－包衣法－研究 Ⅳ.①S511.041

中国版本图书馆 CIP 数据核字（2017）第 317643 号

水稻种衣剂应用与研究	胡一鸿　汤健良 著 张　浩　尹洛毅	责任编辑　牛　君 封面设计　何东琳设计工作室

印张　8.25　　字数　155千	出版发行　西南交通大学出版社
成品尺寸　170 mm×230 mm	网址　http://www.xnjdcbs.com
版次　2017年12月第1版	地址　四川省成都市二环路北一段111号 西南交通大学创新大厦21楼
印次　2017年12月第1次	邮政编码　610031
印刷　成都蓉军广告印务有限责任公司	发行部电话　028-87600564　028-87600533
书号　ISBN 978-7-5643-5974-4	定价　48.00元

前言

　　种衣剂的有效成分主要为农药，其中含有成膜物质，种子包衣后能在种子表面形成致密的膜，使其有效成分缓慢释放，起到防治作物苗期病虫害和促进作物生长的功效。种衣剂是现代种子生产企业种子精加工的重要标准化手段，在我国北方的应用较为普及，如小麦、玉米的种衣剂在生产上已得到广泛的应用。水稻种子具有坚硬封闭的颖壳，种子萌发时，种衣剂的内吸与释放效果均受到影响。由于水稻种子对种衣剂的成膜与复配技术要求很高，种衣剂在水稻生产中的应用推广受到影响。

　　2012 年以来，湖南人文科技学院与湖南亚华种子公司开展深度产学研合作，双方联合开展了种衣剂包衣水稻种子的应用效果研究。5 年来，企业科研人员与在读的研究生、本科生采用多种种衣剂对我国南方推广面积较广的 4 个杂交水稻品种的种子进行包衣，开展田间试验，并对这些种衣剂的作用机理进行了初步探讨。在农业科研实践中，培养和锻炼了学生的能力，取得了一系列成果，并在生产实践中得到了应用。

全书总结了市面上 10 多种常用的水稻种衣剂的田间应用效果，分析了种衣剂作用于水稻幼苗的生理生化机理，以期为水稻种子生产加工企业和相关农技人员安全高效地应用水稻种衣剂提供参考和借鉴。

试验期间，我们得到了湖南亚华种子公司广大技术人员的大力支持，湖南省农田杂草防控技术与应用协同创新中心首席专家金晨钟研究员、湖南人文科技学院发展与规划处陈勇处长审读了全书并提出了宝贵意见，特此一并表示感谢！

由于作者水平有限，加之时间仓促，书中难免存在疏漏不妥之处，敬请广大读者与专家批评指正。

胡一鸿

2017 年 8 月于湖南娄底

目录

1 水稻种衣剂概述

1.1 种衣剂简介

种衣剂作为作物物化栽培技术和标准化生产的重要手段，目前已在国内一些重要的栽培作物种子如水稻、玉米、棉花、小麦等上推广应用。种衣剂是种子处理剂，可以根据不同作物或者种子的生理特性，添加不同的成分如化肥、农药、成膜剂等。种衣剂是对种子进行包衣的药剂，其关键特性是含有成膜物质，是具有成膜性的药剂，是区别于拌种剂和一般种子处理剂的种子包衣技术。当其被包在种子上时，能立即固化成膜为种衣，种衣遇水只会吸胀而几乎不会被溶解，保证了种子正常发芽生长和药肥缓慢释放。

种衣剂具有有效防治作物苗期病虫害，促进幼苗生长，提高种子质量，降低生产成本，促进良种标准化的作用。自 20 世纪 30 年代英国人研制出作物种衣剂以来，种衣剂的研制与应用发展迅速，包括我国在内的 20 多个国家相继研制开发出多种种衣剂，应用在棉花、玉米、大豆、小麦、水稻等主要粮食作物上。目前，大部分种衣剂在粮食作物种子加工中的推广应用取得了较显著效果。

1.2 水稻种衣剂简介

水稻在全世界种植面积约 1.14 亿 hm^2。其中，东南亚占 90% 以上。这些国家水稻种植面积虽大，但种衣剂的开发以及在水稻上的应用效果研究起步较晚。我国在种子包衣技术的应用和推广上取得了很大成绩，但水稻种衣剂的研究与应用推广相对滞后。由于水稻种子在结构上不同于其他主要粮食作物，水稻种子具有颖壳，对种衣剂的成膜与复配技术要求很高，存在诸多技术难题亟待攻克。

水稻种子的包衣方法常采用手工包衣和机械包衣两种。

手工包衣是将种衣剂按比例与清水混合均匀，倒在稻种上，充分搅动种子，使所有种子均匀染上红色的膜后即包衣完毕。机械包衣是指将种子与种衣剂混合，采用一定的机械进行搅拌，使种衣剂均匀包裹在种子上的方法。

常用的机械包衣方式主要有手摇式拌种包衣、混凝土搅拌机包衣、种子包衣机包衣等。

在生产上，采用混凝土搅拌机包衣是一种简单易行的方案，投资少，操作简单；但其缺点是包衣不均匀，种子生产与加工的标准化程度低，这种包衣方式只适合于农户和农村合作社在生产中采用，并不适合种子生产加工的规模企业的生产。

2012 年，湖南亚华种子公司引进丹麦 CIMBRIA HEID CC150 种子包衣生产线，首次在国内实现了水稻种子包衣的标准化生产（图 1.1）。

（a）种子加工生产线全貌

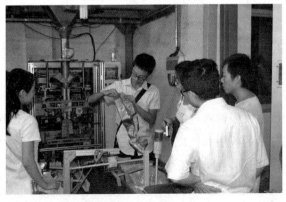

（b）技术人员在对种子包衣操作进行示范

（c）进口种子包衣机

图 1.1 种子加工生产线和 CIMBRIA HEID CC150 种子包衣机

1.3 水稻种衣剂的应用研究

1.3.1 国外水稻种衣剂的研究应用

长期以来，种衣剂应用大多作为药剂拌种，缺陷十分明显，其附着力差，药效损失严重。直到 1977 年，日本的千叶馨等研制出了福美双种衣剂，成功地解决了这些缺陷。其后，种衣剂开始应用到水稻的直播栽培，1980 年日本保土谷化学工业株式会社开发出含量为 35% 的过氧化钙粉剂型种衣剂，继而又出现了可以用于飞机撒播的过氧化钙水稻种衣剂。

水稻种衣剂一直作为肥料型辅助应用。直到 2008 年，菲律宾国际稻米研究所成功地将丙草胺和解草啶（fenclorim）混合除草剂应用于水稻种衣剂中，取得了满意的试验结果，成功解决了除草剂不能用于水稻种衣剂的难题，扩大了水稻种衣剂的使用范围。2011 年，瑞士先正达公司研制出了 30% 噻虫嗪种子处理悬浮剂，用于防治水稻稻蓟马。

由于发达国家的农业已高度产业化、规模化，其耕地农业生态条件相对简单，对水稻种衣剂的要求针对性强，国外目前发展的水稻种衣剂大多有效成分单一，研究重点放在相对成本控制上，以便于最大程度实现规模效应，同时也有不易发生药害的优点。

1.3.2　国内水稻种衣剂的研究应用

由于历史原因和研究条件的限制，我国对种衣剂的研究及开发应用比其他发达国家晚，始于 20 世纪 70 年代。受这些限制条件的影响，国内对水稻种衣剂的研究主要集中在药肥复合剂型上。

1980 年，北京农业大学首先从国外引进种子包衣技术，开始了对种衣剂系统性的研究。通过对水稻种子进行包衣处理，提高了水稻种子对氮肥的吸收和防治病虫；同时，更多的种子研究学者和种子公司开始研究种子包衣技术。1994 年安徽农业大学王思让等研制出多功能水稻薄膜种衣剂，含多种活性成分，如杀菌剂、除草剂、生长调节剂和微肥等，但因成膜剂差，种子浸种时活性成分损失严重。安徽六安地区种子公司和江苏华农种衣有限公司相继研制出了浸种型水稻种衣剂。2000 年，中国农业大学种衣剂研究发展中心研制出了"20 克多甲悬浮种衣剂"，这种浸种型种衣剂能较好地适用于北方稻区。2001 年"苗博士"浸种型水稻种衣剂问世，标志着我国的种衣剂研究水平上了一个新的台阶，该种衣剂在保证种子质量安全的前提下，有促控秧苗生长，增强秧苗抗逆性、抗病性及光合能力，提高成秧率、有效穗数及产量的作用，尤其能够有效地防治水稻苗期常见的病虫害，而且包衣后的种子耐存藏。

现阶段国内水稻种衣剂的研究趋向于提高种子秧苗综合素质的同时，重在对防治苗期主要病虫害的研究。我国的水稻种植遍及全国，各地种植方式、土壤、气候条件及病虫害发生特点等的差异，决定了水稻种衣剂的多样性。我国南方地区以浸种、催芽、水育秧作为主要生产栽培方式，由于农业生态条件各异，地区间病虫害差别大。这些因素决定了我国水稻种衣剂研究集中在浸种-药肥复合剂型上。其优点是种衣剂能适应多种生态环境，能够防治多种病虫害，对水稻种衣剂的大面积推广非常有利；但该技术对成膜剂和染色剂的耐水性要求较高，同时还要兼顾膜的水解速度和种子吸水萌发之间的矛盾以及染料在水中溶解、分散情况，研制难度较大。近年来，国内对种衣剂的研究发展迅猛，研制出了多种水稻种衣剂，并开始投入水稻包衣的实际生产，取得显著的经济效益和社会效益（图 1.2）。

（a）包衣水稻种衣剂的水稻种子田间小试样品

（b）包衣水稻种衣剂的水稻商品种子

图 1.2　包衣种衣剂后的小试样和商品种子

1.4　水稻种衣剂对水稻生长的影响

1.4.1　水稻种衣剂对水稻种子发芽率的影响

种衣剂中含有成膜剂，会在种子表面形成一层致密的膜，对水稻种子吸水供氧有影响，但种衣剂含有的药剂成分对种子发芽有不同程度的促进作用。我们的研究发现，锐胜和 3% 恶·咪处理能显著提高深两优 5814 的发芽率，分别比 CK 高 6.3% 和 5.8%，而 2.5% 吡·咪和适乐时对发芽率的提高并不明显。而对丰源优 272 研究发现，2.5% 吡·咪处理能显著提高丰源优 272 种子的发芽率，比 CK 高 4.5%。

1.4.2　水稻种衣剂对苗期水稻的影响

种衣剂在种子表面形成一层致密的膜，对苗期的水稻会产生一定的影响。刘国军用东农 418、松粳 9 号种衣剂分别处理水稻种子，发现东农 418、松粳 9 号与 CK 相比能增加水稻白根数，增加数平均为 2 条，同时干物质重①分别增加了 15% 和 13.7%。赵新农等用 30% 噻虫嗪和 6.25% 精甲咯菌腈对南粳 44 处理后发现，播种后 10 d，两个处理的叶色都好于对照，株高比 CK 分别增加了 12% 和 15%，地上部分鲜重分别增加了 26% 和 27%，根系重分别增加了 82% 和 183%。曾卓华等用 15% 多·福悬浮种衣剂来处理冈优 88 和 Q 优一号，包衣剂处理之后的秧苗素质分别较 CK 提高了 16.91% 和 11.59%。刘西莉等研究了浸种专用水稻种衣剂包衣处理水稻种子后对水稻秧苗生长的影响，发现浸种专用水稻种衣剂能促进秧苗生长，秧苗的苗高、叶龄、分蘖数、干物质重等指标均有不同程度提高。

研究还表明，种衣剂能提高水稻秧苗内抗氧化酶的活性，减少丙二醛的积累。熊远福等用浸种型水稻种衣剂处理水稻种子，考察种衣剂对水稻秧苗的常规生理指标的影响，发现种衣剂能显著地提高水稻秧苗内过氧化氢酶和过氧化物酶的活性。刘怀珍等用种衣剂包衣水稻种子，研究种衣剂对水稻秧苗某些生理特征指标的影响，结果表明，种衣剂能提高水稻功能叶片的叶绿素含量，提高秧苗综合素质。

1.4.3　水稻种衣剂对移栽后水稻生长的影响

何祖法用水稻包衣型 A、B 处理汕优 63，比较水稻移栽前和移栽后秧苗的素质，发现秧苗移栽入大田后包衣处理的水稻发苗较快，茎蘖苗增加量较 CK 分别高出 15.8% 和 4.5%。刘国军用东农 418、松粳 9 号种衣剂分别处理水稻种

注：① 实为质量，包括后文的鲜重、称重、重量、千粒重等。但现阶段在我国农、林等行业的生产和科研实践中一直沿用，为使读者熟悉本行业实际，本书予以保留。——编者注

子，移栽后发现包衣组秧苗有较高的吸收水肥的能力。赵新农等用 30% 噻虫嗪和 6.25% 精甲咯菌腈分别对南粳 44 进行处理，移栽 15 d 后考察秧苗素质，发现处理组的分蘖数、株高、地上部分鲜重、根系重等指标均高于 CK。

1.4.4　水稻种衣剂对各种病虫害防治的影响

何忠全等用 6 种不同的水稻种衣剂处理水稻种子，考察其对水稻稻瘟病的防治效果，发现种衣剂 2 号和 5 号对病株率的防治效果在 50% 左右，其余 4 种病株防治效果都在 70% 以上。刘国军用东农 418、松粳 9 号种衣剂分别处理水稻种子，考察苗期病害防治效果，发现东农 418、松粳 9 号种衣剂保苗率较 CK 分别增加了 30% 和 27%。赵新农等用 30% 噻虫嗪和 6.25% 精甲咯菌腈分别对南粳 44 进行处理，考察种衣剂对恶苗病、稻飞虱的防治效果，发现经过种衣剂处理的水稻种子的病株率分别为 0.08% 和 0.02%，防治效果较 CK 分别增加了 65% 和 26%，对稻飞虱的防治效果比 CK 分别增加了 41.2% 和 43.6%。

我们的研究也表明，水稻种衣剂对稻蓟马和黑条矮缩病均有防效。其中，锐胜和 2.5% 吡·咪对病虫的防效较好。

1.4.5　水稻种衣剂对水稻产量的影响

水稻种衣剂具有一定的增产效果。李落雁等用美国乐福和瑞士适乐时分别处理准两优 527，考察水稻的产量构成因素和产量的验收，发现适乐时和乐福对水稻的理论产量和实收产量均有促进。熊海蓉等用丸化型种衣剂包衣水稻种子，研究丸化型水稻种衣剂对水稻产量的影响，发现种衣剂处理过的水稻产量比对照组增产 11.4%。何祖法用水稻包衣型 A、B 处理汕优 63，考察产量结构，发现 A、B 两个处理的产量比 CK 分别高出 1.15 t/hm^2 和 0.83 t/hm^2。廖耀华用 13% 多·福甲浸种型水稻种衣剂处理 2 个不同的水稻品种，发现产量分别较 CK 增产 6.2% 和 5.4%。

1.4.6　水稻种衣剂对水稻苗生理生化的影响

研究表明，水稻种衣剂能在一定程度上改善水稻幼苗抗氧化酶系的指标体系。李锦江等采用丸化型种衣剂（WHW-23）包衣水稻种子，研究丸化型水稻种衣剂对水稻秧苗酶活性的影响。结果表明，与 CK 相比，丸化型水稻种衣剂处理的脯氨酸含量提高 28.1% ~ 60.0%；苗体的过氧化物酶（POD）、过氧化氢酶（CAT）和超氧化物歧化酶（SOD）活性分别提高 30.3% ~ 33.9%、13.2% ~ 23.1% 和 8.3% ~ 23.2%。

我们的研究也发现，水稻种衣剂能提高水稻幼苗的抗氧化酶活性和幼苗叶片 GSH 含量；但降低了叶绿素含量。种衣剂虽然对水稻幼苗生长造成了一定的胁迫，但水稻自身的防御体系能有效缓解农药胁迫作用。

1.4.7　种衣剂的农药残留检测

水稻种衣剂的有效成分实质为农药，对其残留的检测通常采用 GC、HPLC、SPE-HPLC、GC-MS 等方法，如采用 GC 检测稻田水和土壤中的农药残留量、检测稻米和稻秆中的农药残留量等。水稻种衣剂相对普通农药而言用量少，虽然释放缓慢，但在水稻成熟后残留量非常低，使用安全可靠。如在水稻种衣剂中常用的农药咪鲜胺的半衰期仅为 3.4 d，经 166.6 mg/L 咪鲜胺浸种处理后，成熟期的稻米和稻秆中分别只检出了 0.025 mg/kg 和 0.056 mg/kg 的残留量。

1.5　研究水稻种衣剂的意义

现阶段种衣剂在作物中的应用范围越来越广，已应用于玉米、水稻、马铃薯等粮食作物的种子加工中。目前，种衣剂在玉米种子加工方面的应用最有成效。然而，由于不同种衣剂对不同作物的应用效果不尽相同，种衣剂内的有效成分在设计时一般不针对特定的作物。因而在实际生产实践中，人们选择和使用种衣剂应用于水稻种子包衣时认知比较茫然和混乱。而且种衣剂应用于水稻苗期的实验仅限在田间进行试验，种衣剂对水稻生长的影响机理的研究也鲜有相关报道，目前的研究状况缺乏足够的理论依据指导水稻种子深加工生产实践。

水稻种子在育秧期苗小、脆弱，容易染虫和感病，如果采用常规的施药方式防治水稻病虫害，农药用量大、成本高，经济性不高，而且环保压力巨大。而通过对水稻种子进行包衣，加入杀虫剂与杀菌剂，使其有效成分直接作用于秧苗，能有效解决这些问题，达到高效经济与环保的目的。

　　我国南方地区水稻种植面积大，气候湿热，水稻病虫害发生较为严重，其主要表现为稻瘟病、黑条矮缩病，稻蓟马、稻飞虱等病害虫的危害。我们针对目前我国南方推广面积较大的水稻优质品种开展种衣剂理论研究与应用研究，大力推广水稻种衣剂包衣技术，能够有效防治苗期病虫害，减少农药施用量，推动种子加工的标准化工程，使南方水稻栽培逐渐形成优质、经济、环保的新模式。

2 不同种衣剂包衣对中稻深两优 5814 苗期应用效果研究

种衣剂在实现种子产业化、机械化过程中起到极其重要的作用。种衣剂能够较好地提高水稻秧苗素质，提高种子效价，特别是对苗期的病虫害防治方面起到了关键性的作用。深两优 5814 是现阶段在华南地区推广面积较广的高产杂交水稻品种之一。由于不同水稻的品种对不同的种衣剂适应性有一定差异，因此我们探讨不同种衣剂在深两优 5814 杂交水稻上的应用效果。

2.1 材料与方法

2.1.1 试验材料

供试水稻品种为中稻深两优 5814，由湖南亚华种子有限公司提供，生产日期为 2012 年；供试的药剂 2.5% 吡·咪、3% 恶·咪、10.5% 吡·咪、15.5% 吡·咪、2.5% 噻·咪、15.5% 噻·咪浸种型悬浮种衣剂由北农（海利）涿州种衣剂有限公司提供；锐胜、适乐时由先正达（中国）投资有限公司提供；多·福由重庆包衣剂厂提供；大地春拌种剂由长沙加贺谷农公司提供。

播种时间：2013 年 5 月 8 日。

试验地点：湖南亚华种子有限公司关山实验基地。

2.1.2 试验方法

2.1.2.1 包衣处理

采用手工包衣的方式，以清水处理为对照，各种衣剂的有效成分及用量见

表 2.1，浸种与催芽按常规方法进行。

表 2.1　实验设计

药剂名称	有效成分	药种比	用量/mL
2.5% 吡·咪	2% 吡虫啉 + 0.5% 咪鲜胺	1：50	10
10.5% 吡·咪	10% 吡虫啉 + 0.5% 咪鲜胺	1：50	10
15.5% 吡·咪	15% 吡虫啉 + 0.5% 咪鲜胺	1：50	10
2.5% 噻·咪	2% γ 噻虫嗪 + 0.5% 咪鲜胺	1：50	10
10.5% 噻·咪	10% 噻虫嗪 + 0.5% 咪鲜胺	1：50	10
3% 恶·咪	2.5% 恶霉灵 + 0.5% 咪鲜胺	1：50	10
锐胜	30% 噻虫嗪	1：50	10
适乐时	2.5% 咯菌腈	1：50	10
多·福	7% 多菌灵 + 8% 福美双	1：50	10
大地春拌种剂	50% 有机肥 + 45% 有机质	1：50	10
适乐时 + 锐胜	2.5% 咯菌腈 + 30% 噻虫嗪	1：50	10
CK	—	—	—

2.1.2.2　室内发芽率测定

随机取包衣过后与对照组种子各 600 粒，每个处理 3 次重复，每个重复 200 粒，在恒温光照培养箱中 30 ℃ 条件下培养，记录正常发芽、不正常苗、死种子等数据。参照按国家标准（GB/T3543.4—1995）进行发芽率测定。

2.1.2.3　田间试验

将各处理组深两优 5814 种子按常规方法浸种、催芽，出芽后随机分区播种，区域面积为 2×3.3 m，3 次重复试验，每个重复 200 g 种子，尽量保证均匀播种。播种后用泥浆踏谷，整个苗期的管理按水稻田常规方式进行。整个秧苗期间不喷施任何药剂。

秧龄 25 d 后进行大田移栽，移栽的规格为 20 cm × 26.7 cm，每个区域移栽 200 株，3 次重复试验，随机排列。大田管理按常规方式进行，大田内不喷施任何药剂。

2.1.2.4 秧苗素质

中稻深两优 5814 播种 15 d 后每个重复区域内连续取 20 株，测量株高、叶面积、总根数、分蘖数等秧苗素质指标，取 20 株测量值的平均值。

株高：单株秧苗茎基部到最长叶叶尖（cm）。

叶面积：单株秧苗倒二叶的面积，用叶面积仪（Yanxin-1242）测量（mm²）。

总根数：单株秧苗根部全部的根数。

分蘖数：单株秧苗全部的分蘖。

根干重：单株秧苗根部部分烘干至恒重后称量。

2.1.2.5 稻蓟马防治效果

中稻深两优 5814 播种后 15 d 进行调查，每个处理区域取样 5 个点，采用交叉对角线取样，每点调查面积 25 cm×25 cm，记录叶片卷尖数。

稻蓟马防治效果按如下公式计算：

$$稻蓟马防治效果(\%) = \frac{对照组卷尖数 - 处理组卷尖数}{对照组卷尖数} \times 100\%$$

2.1.2.6 成秧率调查

中稻深两优 5814 播种 10 d 后，每个区域选择播种均匀的区域取 25 cm×25 cm 田块，小心洗净，保证各秧苗的完整性，记录正常苗、不正常苗、死种子。

成秧率按如下公式计算：

$$成秧率(\%) = \frac{正常苗}{正常苗 + 不正常苗 + 死种子} \times 100\%$$

2.1.2.7 产量性状调查

深两优 5814 到蜡熟期后，测定每个处理区域的株高、有效穗、穗长、结实率、每穗穗粒数、千粒重，并计算理论产量。

株高：茎基部到最长穗的穗尖，第 2 列第 2 行连续取 10 穴，得出平均株高（cm）。

有效穗：从第 2 列第 2 行连续取 10 穴的有效穗，得出平均有效穗数，并计算每亩（1 亩 = 667 m²）的有效穗数（万/667 m²）。

穗长：穗颈到穗尖，第 2 列第 2 行连续取 10 穴，得出平均穗长（cm）。

结实率：连续取 10 穴稻谷，数出其总的穗粒数，脱粒，数出空壳数，算出结实率。

每穗穗粒数：总的穗粒数/10 穴总株数。

千粒重：将晒干后的种子（水分含量低于 13%）随机取两份 1000 粒进行称重，若两次称量结果相差小于等于其平均值的 3%，即为准确；若大于 3%，则需要另取 1 份 1000 粒称重，取两份重量相近的平均值为千粒重。

理论产量按如下公式计算：

$$每亩理论产量 (kg) = \frac{每亩有效穗 \times 每穗实粒数 \times 千粒重 (g)}{1000 \times 1000}$$

2.1.2.8 数据处理

采用 SPSS 13.0 软件（LSD 法）分析数据显著性差异，用小写字母标注（$P < 0.05$）。

2.2 试验结果

2.2.1 不同种衣剂对深两优 5814 发芽率的影响

表 2.2 不同种衣剂对发芽率的影响（%）

处 理	I	II	III	平均发芽率	与 CK 对比
锐胜 + 适乐时	84.0	82.5	85.5	86.8[a]	+ 6.1
10.5% 吡·咪	88.5	79.5	81	85.3[b]	+ 3.6
2.5% 噻·咪	86.5	85.5	84.5	85.2[b]	+ 3.5
10.5% 噻·咪	81.0	84.5	86	84.2[b]	+ 3.5
15.5% 吡·咪	77.5	85.5	83.5	84.8[b]	+ 3.1
锐 胜	85.0	81.5	85.5	83.7[b]	+ 3.0
适乐时	82.5	82.5	84.0	83.0[bc]	+ 2.3
2.5% 吡·咪	79.0	83.5	81.0	82.5[cd]	+ 1.8
多·福	82.0	82.0	81.5	81.8[cd]	+ 1.1
3% 恶·咪	87.5	86.0	82.0	81.5[d]	+ 0.8
拌种剂	87.5	83.5	81.5	81.5[d]	+ 0.8
CK	77.5	82.5	82.0	80.7[d]	—

从表 2.2 可知，用锐胜 + 适乐时处理后的种子发芽率可以达到 86.8%，比对照组的 80.7% 要高出 6.1%，达到显著水平，用 10.5% 吡·咪处理后的种子发芽率也达到了 85.3%，比对照组高出 3.6%，同样达到显著水平。用 2.5% 噻·咪、10.5% 噻·咪、15.5% 吡·咪和锐胜同样也能显著地提高种子发芽率，说明种衣剂中含有的活性成分能提高发芽率。

用 2.5% 吡·咪处理后的种子发芽率虽然比对照组高，但是提高程度比 10.5% 吡·咪和 15.5% 吡·咪处理组低，而 10.5% 吡·咪提高发芽率的程度要高于 15.5% 吡·咪，说明吡·咪的浓度对发芽率的影响较小。各种衣剂之间表现出的不同促进作用，说明不同种衣剂中活性成分作用有所不同。

2.2.2　不同种衣剂对深两优 5814 成秧率的影响

深两优 5814 成秧率试验结果表明，10.5% 噻·咪和 15.5% 吡·咪处理后种子成秧率分别为 74% 和 75%，显著低于对照组，说明 10.5% 噻·咪和 15.5% 吡·咪对种子成秧具有一定的毒害作用（表 2.3）。其他经过种衣剂处理后的种子成秧率均值也低于对照组，但未达显著水平，说明种衣剂中的农药成分对种子成秧率有一定的伤害作用。但最低的成秧率也能达到 74%，说明种衣剂虽降低了种子成秧率，但种子成秧率还处在正常水平。

表 2.3　不同种衣剂对成秧率的影响（%）

处　理	Ⅰ	Ⅱ	Ⅲ	平均成秧率	与 CK 对比
10.5% 噻·咪	82	59	81	74[b]	− 14
15.5% 吡·咪	81	64	80	75[b]	− 13
适乐时	80	64	86	77[ab]	− 11
2.5% 吡·咪	82	73	76	77[ab]	− 11
3% 恶·咪	72	76	85	78[ab]	− 10
10.5% 吡·咪	76	88	70	78[ab]	− 10
2.5% 噻·咪	87	66	85	79[ab]	− 9
锐胜 + 适乐时	78	84	80	80[ab]	− 8
拌种剂	83	81	84	83[ab]	− 5
锐　胜	88	84	87	86[a]	− 2
多·福	85	86	89	87[a]	− 1
CK	88	89	87	88[a]	—

2.2.3 不同种衣剂对深两优 5814 秧苗素质的影响

由表 2.4 可知，以锐胜 + 适乐时种衣剂对株高影响最为显著，比对照组高出 4.2 cm，2.5% 噻·咪、10.5% 噻·咪、锐胜、适乐时、2.5% 吡·咪和 10.5% 吡·咪也分别在不同程度上显著提高水稻秧苗期的株高，说明种衣剂中活性成分能够提高秧苗的基本素质。而 3% 恶·咪、15.5% 吡·咪、拌种剂在一定程度上却降低了水稻秧苗期株高，其中又以拌种剂处理降低的幅度最大，达显著水平，这种矮化作用有利于间接地提高秧苗基本素质，起到壮苗的作用。

表 2.4 不同种衣剂对株高的影响（cm）

处 理	I	II	III	平 均	与 CK 对比
锐胜 + 适乐时	33.3	27.1	23.1	27.8[a]	+ 4.2
2.5% 噻·咪	28.7	27.6	23.9	26.7[a]	+ 3.1
多·福	26.8	24.8	26	25.9[b]	+ 2.3
10.5% 吡·咪	25.9	25.7	25.6	25.7[b]	+ 2.1
10.5% 噻·咪	21.7	22.3	20.8	25.6[b]	+ 2.0
锐 胜	26.4	26.2	23.3	25.3[b]	+ 1.7
适乐时	25.2	23.6	24.5	24.4[bc]	+ 0.8
2.5% 吡·咪	24.8	23.8	23.4	24.0[bc]	+ 0.4
3% 恶·咪	22.1	21.7	22.3	22.0[c]	− 1.6
15.5% 吡·咪	22.6	22.2	21	21.9[cd]	− 1.7
拌种剂	19.3	19.6	19.9	19.6[d]	− 4.0
CK	23.1	23.3	24.3	23.6[bc]	—

由表 2.5 可知，在种衣剂对秧苗叶面积影响方面，以锐胜处理组的效果最为显著，比对照组高出 176.3 mm²，2.5% 噻·咪和拌种剂也能在一定程度上提高秧苗的叶面积，说明这些种衣剂能提高水稻秧苗的基本素质，而其他种衣剂降低了秧苗的叶面积，可能种衣剂内的药剂成分影响了秧苗叶面积。

表 2.5　不同种衣剂对叶面积的影响（mm²）

处　理	I	II	III	平　均	与 CK 对比
锐　胜	817.4	1155.2	820.9	931.2ᵃ	+ 176.3
2.5% 噻·咪	1022.6	811.8	837.0	890.5ᵃᵇ	+ 135.6
拌种剂	799.9	877.5	755.8	811.0ᵇ	+ 56.1
适乐时	558.7	764.1	904.5	742.4ᶜ	− 12.5
多·福	716.7	575.4	785.3	692.4ᶜ	− 62.5
15.5% 吡·咪	789.1	633.4	651.0	691.2ᶜ	− 63.7
3% 恶·咪	659.5	592.8	777.0	676.4ᶜ	− 78.5
10.5% 噻·咪	621.5	726.2	655.4	667.7ᶜᵈ	− 87.2
2.5% 吡·咪	664.1	527.4	754.7	648.7ᶜᵈ	− 106.2
锐胜 + 适乐时	589.9	525.2	747.1	620.8ᵈ	− 134.1
10.5% 吡·咪	667.0	520.9	670.8	619.6ᵈ	− 135.3
CK	922.7	653.0	689.0	754.9ᵇᶜ	—

由表 2.6 可知，经过种衣剂处理过后的秧苗总根数的变化以锐胜处理最为显著，比对照组平均多出 3.9 条根，2.5% 噻·咪也能在一定程度提高秧苗的总根数，该种衣剂能够提高水稻的总根数。其他处理与对照组无显著差异，但在均值上，有些种衣剂处理要低于对照组，说明这些种衣剂对水稻幼苗总根数有一定影响。

表 2.6　不同种衣剂对总根数的影响

处　理	I	II	III	平　均	与 CK 对比
锐　胜	28.1	24.4	30.5	27.7ᵃ	+ 3.9
2.5% 噻·咪	23.6	24.2	26.9	24.9ᵇ	+ 1.1
锐胜 + 适乐时	21.7	29.5	22.7	24.6ᵇᶜ	+ 0.8
10.5% 噻·咪	25.5	23.4	23.5	24.1ᶜ	+ 0.3
适乐时	24.9	22.9	23.4	23.7ᶜ	− 0.1
10.5% 吡·咪	25.8	22.2	21.1	23.0ᶜ	− 0.8
拌种剂	21.9	21.8	25.1	22.9ᶜᵈ	− 0.9
3% 恶·咪	21.5	23.2	22.7	22.5ᶜᵈ	− 1.3
15.5% 吡·咪	22.7	21	23.9	22.5ᶜᵈ	− 1.3
多·福	22.3	23.1	21.9	22.4ᶜᵈ	− 1.4
2.5% 吡·咪	21.8	24.3	19.7	21.9ᵈ	− 1.9
CK	21.1	26.8	23.4	23.8ᶜ	—

由表 2.7 可知，以锐胜处理组根干重最高，比对照组高出 34.1 mg，达到显著水平；适乐时也能提高根干重，说明锐胜种衣剂具有一定的壮根作用。其他种衣剂除 15.5% 吡·咪和 2.5% 吡·咪以外，都对水稻幼苗根干重有促进作用。推测可能 10.5% 吡·咪种衣剂内有效浓度刚好达到适应浓度。

表 2.7　不同种衣剂对根干重的影响（mg）

处　理	I	II	III	平　均	与 CK 对比
锐　胜	113	78.9	89.5	93.8[a]	+ 34.1
适乐时	104.3	66.8	69.9	80.3[b]	+ 20.6
拌种剂	63.2	90.5	66.6	73.4[bc]	+ 13.7
2.5% 噻·咪	60.1	67	82.4	69.8[c]	+ 10.1
10.5% 噻·咪	82.5	57.1	65.5	68.4[c]	+ 8.7
多·福	56.8	87	58.8	67.5[cd]	+ 7.8
3% 恶·咪	79.8	59.2	55.4	64.8[d]	+ 5.1
锐胜 + 适乐时	60.4	52.6	78.1	63.7[d]	+ 4.0
10.5% 吡·咪	93.5	58.2	36.1	62.6[d]	+ 2.9
15.5% 吡·咪	45.3	48.8	79.1	57.7[e]	− 0.2
2.5% 吡·咪	63.8	58.1	54.1	58.7[e]	− 1
CK	77.4	62.4	39.2	59.7[e]	—

由表 2.8 可知，以 2.5% 噻·咪处理组对秧苗分蘖数增加作用达到显著水平，平均提高 0.4，而其他种衣剂处理后与对照组对比差异不明显。

表 2.8　不同种衣剂对分蘖数的影响

处　理	I	II	III	平均	与 CK 对比
2.5% 噻·咪	3.4	2.7	2.8	3.0[a]	+ 0.4
适乐时	2.7	2.8	2.8	2.8[ab]	+ 0.2
多·福	2.7	2.9	2.7	2.8[ab]	+ 0.2
3% 恶·咪	2.9	2.7	2.9	2.8[ab]	+ 0.2
锐　胜	2.4	2.7	2.9	2.7[b]	+ 0.1
拌种剂	2.4	3	2.7	2.7[b]	+ 0.1
10.5% 噻·咪	2.7	2.3	2.5	2.5[bc]	− 0.1
10.5% 吡·咪	2.8	2.3	2.1	2.4[c]	− 0.2
15.5% 吡·咪	2.5	2.1	2.5	2.4[c]	− 0.2
2.5% 吡·咪	2.5	1.9	2.5	2.3[c]	− 0.3
锐胜 + 适乐时	2	2.3	2.4	2.2[c]	− 0.4
CK	2.4	2.7	2.7	2.6[bc]	—

综上所述，锐胜对水稻秧苗素质的提高作用最为显著，能够起到很好的壮苗作用，其次为 2.5% 噻·咪，可能是这些种衣剂内的生物活性物质能够提高水稻秧苗的基本素质。在田间试验中，我们发现拌种剂的矮化作用也能间接地起到壮苗的作用。

2.2.4　不同种衣剂对深两优 5814 稻蓟马防治效果的影响

由表 2.9 可知，对深两优 5814 苗期稻蓟马防治效果以锐胜 + 适乐时、拌种剂、15.5% 吡·咪处理效果最好，达到显著水平；其次为锐胜、10.5% 吡·咪、2.5% 吡·咪、10.5% 噻·咪，处理效果也达显著水平，说明种衣剂能够很好地提高水稻苗期对稻蓟马的防治效果，且浓度越高，防治效果越好。而 3% 恶·咪、适乐时、多·福处理药剂中本身并不具有防治稻蓟马的药剂成分，因而防治效果较差。

表 2.9　不同种衣剂对稻蓟马防治效果的影响

处　理	卷尖数			平均/%	防治效果/%
	I	II	III		
锐胜 + 适乐时	1	0	0	0.3[a]	98.4
拌种剂	2	1	1	1.3[a]	93.3
15.5% 吡·咪	1	3	2	2.0[ab]	89.6
10.5% 吡·咪	5	2	2	3.0[b]	84.5
2.5% 吡·咪	4	1	5	3.3[b]	82.9
10.5% 噻·咪	7	3	3	4.2[bc]	78.2
锐　胜	6	3	4	4.3[bc]	77.7
2.5% 噻·咪	6	5	10	7.0[c]	63.7
3% 恶·咪	11	10	11	10.7[d]	44.6
适乐时	8	13	12	11.0[d]	43.
多·福	11	11	16	12.7[d]	39.4
对　照	17	20	21	19.3[e]	—

2.2.5　不同种衣剂对深两优 5814 产量性状的影响

由表 2.10 可知，在种衣剂影响水稻株高、穗长、千粒重等方面，各处理之间无显著差异，说明种衣剂并没有改变水稻的内在素质。在影响有效穗、穗粒数、结实率等方面也与对照组无显著性差异。在提高理论产量方面，以 2.5% 噻·咪、10.5% 吡·咪、适乐时、2.5% 吡·咪和 3% 恶·咪作用效果较好。

表 2.10　深两优 5814 主要性状及产量构成因素

处　理	株高 /cm	穗长 /cm	有效穗 /（万/667 m²）	穗粒数	结实率 /%	千粒重 /g	理论产量 /（kg/667 m²）
2.5% 噻·咪	130.0[a]	30.0[a]	15.0[a]	236.6[ab]	71.9[c]	23.6[a]	635.71[a]
10.5% 吡·咪	129.6[a]	29.6[a]	13.8[b]	242.2[a]	74.1[ab]	23.7[a]	618.66[ab]
3% 恶·咪	129.0[a]	29.8[a]	13.4[b]	247.6[a]	74.6[ab]	23.7[a]	618.05[ab]
2.5% 吡·咪	129.6[a]	29.2[a]	14.3[ab]	230.7[ab]	74.2[ab]	23.8[a]	614.00[ab]
适乐时	129.3[a]	28.8[a]	15.0[a]	218.4[b]	74.9[a]	23.7[a]	612.59[ab]
10.5% 噻·咪	128.8[a]	28.9[a]	13.7[b]	231.1[ab]	74.8[a]	23.8[a]	593.78[c]
锐胜＋适乐时	130.5[a]	29.2[a]	14.1[ab]	222.9[b]	75.1[a]	23.7[a]	589.19[c]
锐　胜	131.5[a]	29.0[a]	14.1[ab]	232.1[ab]	71.2[c]	23.8[a]	585.72[c]
多·福	129.4[a]	29.6[a]	13.6[ab]	231.3[ab]	74.4[ab]	23.6[a]	582.03[c]
CK	130.1[a]	29.3[a]	13.5[ab]	232.1[ab]	73.1[b]	23.7[a]	572.55[c]
15.5% 吡·咪	129.2[a]	29.1[a]	13.5[ab]	228.8[b]	74.0[ab]	23.6[a]	568.59[c]
拌种剂	129.0[a]	28.7[a]	13.2[b]	212.6[b]	71.6[c]	23.6[a]	500.69[d]

2.3　小　结

种子效价可由发芽率和成秧率来衡量，效价的高低直接影响每亩种子的播种量。前人的悬浮种衣剂包衣水稻试验表明，种衣剂能够提高种子发芽率和大田的成秧率，我们的试验也表明，锐胜、10.5% 吡·咪、2.5% 噻·咪、10.5% 噻·咪和 15.5% 吡·咪都能明显地提高种子的发芽率，但其他种衣剂对种子发芽率的影响与对照组无显著性的差异。虽然所有的种衣剂对种子的成秧率都有降低的效果，但降低的程度仍在安全水平上，说明种衣剂中的药剂成分对种子的活性没有明显的抑制作用，不会影响种子的效价。

株高、叶面积、总根数和苗干重在评价秧苗的素质方面起着重要的作用。熊件妹等的试验结果表明，经过种衣剂包衣后的水稻种子的秧苗素质和抗逆能力得到了显著的提高。我们的试验结果表明，经过种衣剂包衣后的水稻种子能够提高秧苗的综合素质，起到壮苗的作用。在供试的药剂中，以锐胜处理组作用效果最为明显，2.5% 噻·咪作用效果仅次于锐胜。

通过防治水稻的病虫害可以间接地提高水稻产量。郑洲等用吡虫啉种衣剂包衣水稻种子的试验表明，经过包衣后水稻对稻蓟马、稻飞虱有较好防治效果；魏百裕等用噻虫嗪种衣剂包衣水稻种子，经过包衣后水稻对稻蓟马有较好的防治效果，防治效果可达 95%。我们的试验也表明，锐胜 + 适乐时、拌种剂、15.5% 吡·咪、锐胜、10.5% 吡·咪、2.5% 吡·咪和 10.5% 噻·咪对水稻稻蓟马有很好的防治效果，防治效果可达 85% 以上，其他种衣剂也具有一定的防治效果。

水稻理论产量及产量性状可以衡量水稻的实际产量。曾卓华等的试验表明，种衣剂能提高有效穗、穗粒数、理论产量和实际产量。而我们试验结果表明，参试的各种衣剂在影响水稻株高、穗颈长、千粒重和穗粒数方面作用并不显著，但在提高产量方面以锐胜 + 适乐时、适乐时和 10.5% 噻·咪作用效果较好，能够显著提高水稻实收产量（实收产量数据未列出）。

3 不同种衣剂包衣对晚稻丰源优 272 种子应用效果研究

　　种衣剂是一种含有活性成分的种子处理剂，常用的添加物有农药、化肥、生物激素等。种子通过吸收种衣剂内含物从而达到促进生长、防治病虫害的目的。丰源优 272 作为优质的晚稻品种，在双季稻区种植面积较广，但丰源优 272 对病虫害的抗性较弱，易受病虫害的影响，特别是黑条矮缩病。我们针对 10 种种衣剂对丰源优 272 包衣试验进行探讨研究，以期筛选出适合于丰源优 272 的种衣剂，从而提高丰源优 272 对病虫害的抗性。

3.1 材料与方法

3.1.1 试验材料

　　本试验供试的水稻材料为晚稻品种丰源优 272，由湖南亚华种子有限公司提供；供试药剂同 2.1.1。

　　播种时间：2013 年 6 月 24 日。

　　试验地点：湖南亚华种子有限公司关山试验基地。

3.1.2 试验方法

3.1.2.1 包衣处理

　　采用手工包衣的方式，以清水处理为对照，各种衣剂的有效成分及用量见表 3.1，浸种与催芽按常规方法进行。为使包衣均匀，包衣时可适量兑水，充分拌匀后晾干备用。

表 3.1　实验设计

药剂名称	有效成分	药种比	用量/mL
2.5% 吡·咪	2% 吡虫啉 + 0.5% 咪鲜胺	1∶50	10
10.5% 吡·咪	10% 吡虫啉 + 0.5% 咪鲜胺	1∶50	10
15.5% 吡·咪	15% 吡虫啉 + 0.5% 咪鲜胺	1∶50	10
2.5% 噻·咪	2% 噻虫嗪 + 0.5% 咪鲜胺	1∶50	10
10.5% 噻·咪	10% 噻虫嗪 + 0.5% 咪鲜胺	1∶50	10
3% 恶·咪	2.5% 恶霉灵 + 0.5% 咪鲜胺	1∶50	10
锐胜	30% 噻虫嗪	1∶50	10
适乐时	2.5% 咯菌腈	1∶50	10
多·福	7% 多菌灵 + 8% 福美双	1∶50	10
大地春拌种剂	50% 有机肥 + 45% 有机质	1∶50	10
适乐时 + 锐胜	2.5% 咯菌腈 + 30% 噻虫嗪	1∶50	10
CK	—	—	—

3.1.2.2　室内发芽率测定

分别取包衣后的丰源优 272 种子和对照组种子各 600 粒，每个处理 3 次重复，每个重复 200 粒，做发芽率试验。浸种 24 h 后将各重复处理种子放入装有滤纸的发芽盒中，30 ℃ 恒温、100% 恒湿条件下培养，参照国家标准 GB/T 3543.4—1995 测定发芽率。

3.1.2.3　田间试验

将各处理组丰源优 272 种子按常规方法浸种、催芽，出芽后随机分区播种，区域面积为 2 m × 3.3 m，3 次重复，共 15 个小区，每个小区播种 200 g 种子，播种时尽量保证均匀。播种后用泥浆踏谷，整个苗期的管理按水稻田常规方式进行。整个秧苗期间不喷施任何药剂。

秧龄 23 d 后进行大田移栽，移栽的规格为 20 cm × 20 cm，每个区域移栽 200 株，3 次重复，随机排列。大田管理按常规方式进行，大田不喷施任何药剂。

3.1.2.4　秧苗素质

丰源优 272 播种 15 d 后，每个区域在同一肥力水平上连续取 20 株秧苗测量株高、叶面积、总根数、分蘖数，取 20 株的平均值为测量值。

株高：单株秧苗茎基部到最长叶叶尖（cm）。

叶面积：单株秧苗倒二叶的面积，用叶面积仪（Yanxin-1242）测量（mm²）。

总根数：单株秧苗根部全部的根数。

分蘖数：单株秧苗全部的分蘖。

根干重：单株秧苗根部部分烘干至恒重后称量。

3.1.2.5　稻蓟马防治效果

丰源优 272 播种后 15 d 进行调查，每个处理区域采用对角线取样 5 点，每点调查面积 25 cm × 25 cm，记录叶片卷尖数。

稻蓟马防治效果按如下公式计算：

$$稻蓟马防治效果(\%) = \frac{对照组卷尖数 - 处理组卷尖数}{对照组卷尖数} \times 100\%$$

3.1.2.6　黑条矮缩病防治效果

于丰源优 272 分蘖盛期时，调查 1 次每个区域总的黑条矮缩病病株数。

$$黑条矮缩病防治效果(\%) = \frac{对照组病株数 - 处理组病株数}{对照组病株数} \times 100\%$$

3.1.2.7　成秧率调查

丰源优 272 播种 10 d 后，每个区域选择播种均匀的区域取 25 cm × 25 cm 田块，小心洗净，保证各秧苗的完整性，记录正常苗、不正常苗、死种子。

成秧率按如下公式计算：

$$成秧率(\%) = \frac{正常苗}{正常苗 + 不正常苗 + 死种子} \times 100\%$$

3.1.2.8　产量性状调查

到丰源优 272 蜡熟期测定每个处理区域的株高、有效穗、穗长、结实率、每穗穗粒数、千粒重和理论产量。

株高：茎基部到最长穗的穗尖，第 2 列第 2 行连续取 10 穴，得出平均株高（cm）。

有效穗：从第 2 列第 2 行连续取 10 穴的有效穗，得出平均有效穗数，并计算每亩的有效穗数（万/667 m²）。

穗长：穗颈到穗尖，第二列第二行连续取 10 穴，得出平均穗长（cm）。

结实率：连续取 10 穴稻谷，数出其总的穗粒数，脱粒，数出空壳数，算出结实率。

每穗穗粒数：总的穗粒数/10 穴总株数。

千粒重：将晒干后的种子（水分含量低于 13%）随机取两份 1000 粒进行称重，若两次称量结果相差小于等于其平均值的 3%，即为准确；若大于 3%，则需要另取一份 1000 粒称重，取两份重量相近的平均值为千粒重。

理论产量按如下公式计算：

$$每亩理论产量(kg) = \frac{每亩有效穗 \times 每穗实粒数 \times 千粒重(g)}{1000 \times 1000}$$

3.1.2.9 数据处理

采用 SPSS 13.0 软件（*LSD* 法）分析数据显著性差异，用小写字母标注（$P < 0.05$）。

3.2 试验结果

3.2.1 不同种衣剂对丰源优 272 发芽率的影响

由表 3.2 可知，丰源优 272 种子经过各种衣剂包衣处理后，以 15.5% 的吡·咪处理效果最好，比对照高出 7.8%，差异达到显著水平；其次为多·福，比对照高出 6.3%；2.5% 吡·咪、拌种剂和 2.5% 噻·咪也对发芽率有促进作用，差异达到显著水平，说明种衣剂能提高种子的发芽率，保持种子的质量效价。10.5% 吡·咪、锐胜和锐胜＋适乐时与对照相比，均值上高于对照组，说明这些种衣剂也能有效地保持种子效价。

表 3.2　不同种衣剂对发芽率的影响（%）

处　理	I	II	III	平均发芽率	与 CK 对比
15.5% 吡·咪	61.5	65	63.4	63.3^a	+ 7.8
多·福	59.5	64	61.9	61.8^{ab}	+ 6.3
2.5% 吡·咪	62	59.5	60.9	60.8^b	+ 5.3
拌种剂	58	62.5	60.4	60.3^b	+ 4.8
2.5% 噻·咪	58.5	61.5	60	60.0^b	+ 4.5
3% 恶·咪	58	60	59	59.0^{bc}	+ 3.5
适乐时	62	55.5	58.9	58.8^c	+ 3.3
10.5% 噻·咪	55	61.5	58.4	58.3^c	+ 2.8
10.5% 吡·咪	54	60.5	57.4	57.3^{cd}	+ 1.8
锐　胜	59.5	55	57.4	57.3^{cd}	+ 1.8
锐胜 + 适乐时	57	55	56	56.0^{cd}	+ 0.5
CK	56	55	55.5	55.5^d	—

3.2.2　不同种衣剂对丰源优 272 成秧率的影响

表 3.3　不同种衣剂对成秧率的影响（%）

处　理	I	II	III	平均成秧率	与 CK 对比
拌种剂	89	83	82	85^a	+ 15
锐　胜	86	82	75	81^a	+ 11
3% 恶·咪	75	80	75	76^b	+ 6
15.5% 吡·咪	80	73	72	75^b	+ 5
适乐时	73	73	81	75^b	+ 5
锐胜 + 适乐时	71	70	80	73^b	+ 3
2.5% 噻·咪	45	88	80	71^b	+ 1
10.5% 吡·咪	53	81	77	70^b	0
多·福	64	65	78	69^b	− 1
2.5% 吡·咪	72	54	64	63^b	− 7
10.5% 噻·咪	57	48	45	50^c	− 20
CK	77	75	57	70^b	—

由表 3.3 可知，经过种衣剂包衣后，拌种剂处理组成秧率最高，达到 85%，高于对照组 15%，锐胜处理组也显著高于对照组 11%，说明种衣剂能够提高丰源优 272 种子成秧率。2.5% 噻·咪处理组成秧率与对照组无显著差异，但 10.5% 噻·咪处理组成秧率低于对照组 20%，可能是浓度过高反而抑制了种子成秧率。其他种衣剂处理与对照组没有显著性差异，但在均值上要高于对照组，说明这些种衣剂处理对成秧率没有负面影响。

3.2.3 不同种衣剂对丰源优 272 秧苗素质的影响

由表 3.4 可知，2.5% 噻·咪、10.5% 噻·咪、锐胜和适乐时处理组在株高方面分别高出对照组 1.7·cm、1.6·cm、1.5 cm 和 1.4 cm，显著提高了秧苗的株高。种衣剂内含活性成分能够提高水稻秧苗的株高，而拌种剂在一定程度矮化了秧苗的株高。

表 3.4 不同种衣剂对株高的影响（cm）

处 理	Ⅰ	Ⅱ	Ⅲ	平 均	与 CK 对比
2.5% 噻·咪	25.8	26.8	27.9	26.8[a]	+ 1.7
10.5% 噻·咪	23.9	27.4	28.9	26.7[a]	+ 1.6
锐 胜	27.3	27.1	25.6	26.6[a]	+ 1.5
适乐时	24.8	27.2	27.6	26.5[a]	+ 1.4
10.5% 吡·咪	24.8	26.0	27.8	26.2[ab]	+ 1.1
2.5% 吡·咪	24.4	25.5	28.6	26.2[ab]	+ 1.1
锐胜 + 适乐时	24.0	25.3	26.2	25.2[b]	+ 0.1
多·福	21.6	25.6	27.0	24.7[bc]	− 0.4
3% 恶·咪	23.7	25.7	24.4	24.6[bc]	− 0.5
15.5% 吡·咪	23.6	24.1	25.9	24.5[bc]	− 0.6
拌种剂	22.6	23.6	16.7	21.0[c]	− 4.1
CK	22.4	23.5	29.2	25.1[b]	—

由表 3.5 可知，10 种种衣剂均能显著地提高水稻秧苗的叶面积，其中以 2.5 吡·咪、10.5% 噻·咪、锐胜和 2.5% 噻·咪作用效果最为显著，种衣剂有效成分能够提高秧苗的叶面积。

表 3.5　不同种衣剂对叶面积的影响（mm^2）

处　理	I	II	III	平　均	与 CK 对比
2.5% 吡·咪	1126.0	957.9	1183.4	1089.1^a	+246.2
10.5% 噻·咪	901.5	1057.6	1245.6	1068.2^a	+225.4
锐　胜	1111.7	1166.2	875.6	1051.2^a	+208.4
2.5% 噻·咪	974.5	1074.5	1043.1	1030.7^a	+187.9
适乐时	846.7	1012.1	1122.6	993.8^b	+151
锐胜 + 适乐时	892.3	947.2	1134.8	991.4^b	+148.6
10.5% 吡·咪	903.7	972.1	1040.9	972.2^b	+129.4
拌种剂	1008.2	1122.9	767.4	966.1^{bc}	+123.3
3% 恶·咪	853.2	828.8	1036.5	906.1^{bc}	+63.3
多·福	749.9	868.4	1074.3	897.6^c	+54.8
15.5% 吡·咪	791.9	817.9	1078.4	896.1^c	+53.3
CK	648.8	783.6	1096.0	842.8^d	—

由表 3.6 可知，经过拌种剂包衣后的水稻秧苗总根数显著多于对照组，数量多 8.5 根；其次锐胜 + 适乐时处理组总根数显著高于对照组，10.5% 噻·咪和锐胜壮根的作用效果与对照相比高于对照。

表 3.6　不同种衣剂对总根数的影响

处　理	I	II	III	平　均	与 CK 对比
拌种剂	37.3	29.1	30.8	32.4^a	+8.5
锐胜 + 适乐时	34.8	27	26.7	29.5^b	+5.6
10.5% 噻·咪	25.9	26.4	23.9	25.4^c	+1.5
锐　胜	24.5	24.4	27	25.3^c	+1.4
2.5% 噻·咪	24.9	23.4	26.9	25.1^c	+1.2
15.5% 吡·咪	22.9	24.5	24.8	24.1^d	+0.2
10.5% 吡·咪	26	22.7	23	23.9^d	+0
2.5% 吡·咪	24.3	22	25.1	23.8^d	-0.1
3% 恶·咪	23.4	22.1	22.3	22.6^e	-1.3
适乐时	19.9	24.7	22.4	22.3^{ef}	-1.6
多·福	22.2	20.3	21.2	21.2^f	-2.7
CK	26.8	23	22	23.9^d	—

由表 3.7 可知，经过锐胜种衣剂处理过的秧苗根干重比对照组高出 35.4 mg，达到显著水平，经过适乐时种衣剂处理后的秧苗根干重要比对照组高出 22.4 mg，也达到显著水平，锐胜、适乐时种衣剂在壮根方面有显著的作用。但经过锐胜＋适乐时种衣剂处理过的效果反而低于锐胜或适乐时，推测可能两种药剂中某些成分发生了拮抗作用。

表 3.7　不同种衣剂对根干重的影响（mg）

处　理	I	II	III	平　均	与 CK 对比
锐　胜	120.5	105.3	115.1	113.6^a	＋35.4
适乐时	96.2	95.6	109.8	100.6^b	＋22.4
锐胜＋适乐时	76.3	93.6	125.1	98.3^b	＋20.1
2.5% 噻·咪	112.2	87.2	86.5	95.3^b	＋17.1
10.5% 噻·咪	83.2	86.0	93.6	87.6^{bc}	＋9.4
拌种剂	96.5	84.1	79.2	86.6^c	＋8.4
15.5% 吡·咪	101.5	67.5	76.4	81.8^d	＋3.6
2.5% 吡·咪	69.3	92.5	85.1	82.3^d	＋4.1
3% 恶·咪	83.5	85.5	58.7	75.9^e	＋2.3
10.5% 吡·咪	75.6	82.5	80.4	79.5^e	＋1.3
多·福	71.5	65.7	59.9	65.7^f	－12.5
CK	82.5	83.5	29.2	78.2^{de}	——

表 3.8　不同种衣剂对分蘖数的影响

处　理	I	II	III	平　均	与 CK 对比
锐胜＋适乐时	2.2	2.4	3	2.5^a	＋1.3
拌种剂	2.6	2.5	2.1	2.4^a	＋1.2
10.5% 吡·咪	1.8	2.2	2.3	2.1^{ab}	＋0.9
10.5% 噻·咪	1.8	2.1	1.8	1.9^b	＋0.7
2.5% 噻·咪	2.1	2.2	1.4	1.9^b	＋0.7
15.5% 吡·咪	1.7	1.8	2.2	1.9^b	＋0.7
适乐时	1.5	2.1	1.8	1.8^b	＋0.6
锐　胜	1.6	1.9	1.6	1.7^{bc}	＋0.5
2.5% 吡·咪	1.6	1.3	1.9	1.6^c	＋0.4
多·福	1.4	1.5	1.8	1.6^c	＋0.4
3% 恶·咪	1.8	1	1.2	1.3^d	＋0.1
CK	1.1	1.4	1.2	1.2^d	——

由表 3.8 可知，经过 10 种衣剂处理后，锐胜 + 适乐时处理和拌种剂处理组分蘖数分别比对照组高出 1.3 和 1.2，达到显著水平，其他种衣剂处理对于提高秧苗分蘖数作用效果也较明显。

综上所述，锐胜在提高秧苗综合素质方面有较好的效果，2.5% 噻·咪、适乐时、锐胜 + 适乐时在壮苗方面作用较明显。同时，拌种剂也有一定的壮根作用。

3.2.4　不同种衣剂对丰源优 272 稻蓟马防治效果的影响

由表 3.9 可知，经过拌种剂、锐胜 + 适乐时、15.5% 吡·咪、2.5% 噻·咪、10.5% 吡·咪、锐胜和 2.5% 吡·咪处理后水稻秧苗对稻蓟马的防治效果明显，防治效果分别达到了 96.7%、94.2%、93%、92.4%、91.8%、91.2%、91.5%、88.7%。3% 恶·咪对稻蓟马没有防治效果，适乐时处理组的防治效果也只有3.1%。锐胜种衣剂和 2.5% 吡·咪种衣剂中含有防治稻蓟马的药剂，3% 恶·咪和适乐时种衣剂中没有防治稻蓟马的药剂，推测水稻秧苗能吸收种衣剂中的药剂，达到防治稻蓟马的作用。

表 3.9　不同种衣剂对稻蓟马防治效果的影响

处　理	卷尖数			平　均	防治效果/%
	I	II	III		
拌种剂	1	1	1	1[a]	96.7
锐胜 + 适乐时	2	2	2	2[a]	94.2
15.5% 吡·咪	2	3	2	2[a]	93
10.5% 噻·咪	2	2	3	3[ab]	92.4
2.5% 噻·咪	3	3	3	3[ab]	91.8
10.5% 吡·咪	1	4	4	3[ab]	91.5
锐　胜	3	4	2	3[ab]	91.2
2.5% 吡·咪	5	3	4	4[b]	88.7
多·福	20	28	33	27[c]	17.9
适乐时	34	34	25	31[c]	3.1
3% 恶·咪	28	38	29	32[c]	0
CK	29	39	29	32[c]	—

3.2.5 不同种衣剂对丰源优 272 黑条矮缩病防治效果的影响

丰源优 272 黑条矮缩病防治效果试验表明，10 种种衣剂除多·福以外，在处理丰源优 272 种子后，对黑条矮缩病均具有很好的防治效果；15.5% 吡·咪种衣剂的防治效果达到 60%。吡·咪和锐胜种衣剂内含防治稻飞虱的药剂，推测可能通过防治稻飞虱从而间接地防治黑条矮缩病（表 3.10）；而 3% 恶·咪和适乐时内含防治病害的药剂，达到防治黑条矮缩病的目的。

表 3.10 不同种衣剂对黑条矮缩病防治效果的影响

处　理	病株数			平　均	防治效果/%
	I	II	III		
15.5% 吡·咪	4	5	5	4.67^a	60.0
锐胜＋适乐时	5	7	3	5.00^a	57.1
2.5% 吡·咪	4	5	6	5.00^a	57.1
10.5% 吡·咪	4	6	5	5.00^a	57.1
2.5% 噻·咪	3	5	7	5.00^a	57.1
10.5% 噻·咪	4	7	4	5.00^a	57.1
3% 恶·咪	4	6	6	5.33^{ab}	54.3
锐　胜	5	9	3	5.67^{ab}	51.4
适乐时	6	7	7	6.67^b	42.9
拌种剂	4	8	8	6.67^b	42.9
多·福	14	3	15	10.67^c	8.6
CK	13	10	12	11.67^c	—

3.2.6 不同种衣剂对丰源优 272 产量性状的影响

由表 3.11 可知，丰源优 272 经过各种衣剂包衣后，10.5% 噻·咪处理的株高显著高于其他各组，其他种衣剂处理组株高与对照组无显著性差异；适乐时处理组的穗长要显著低于对照组，其他种衣剂处理与对照组无显著性差异；各处理组的有效穗均高于对照组，说明种衣剂能增加水稻移栽后的分蘖数；锐胜和适乐时能够显著提高水稻的结实率，推测可能是降低了病虫害的发生率；各处理组的千粒重无显著性差异，说明种衣剂对水稻的内在特性没有影响；除了

2.5% 吡·咪处理组与对照组无显著性差异外，其他种衣剂显著降低了理论产量。种衣剂处理除多·福与 3% 恶·咪外，其余种衣剂处理的实收产量均高于对照组（表 3-12）。

表 3.11　丰源优 272 主要性状及产量构成因素

处　理	株高 /cm	穗长 /cm	有效穗 /（万/667 m²）	穗粒数	结实率 /%	千粒重 /g	理论产量 /（kg/667 m²）
2.5% 吡·咪	104.5ᵇ	24.4ᵃ	12.6ᵇ	136.2ᵇ	67.5ᵇᶜ	25.5ᵃ	341.8ᵃ
对照	103.3ᵇᶜ	24.2ᵃ	11.8ᶜ	134.5ᵇ	68.1ᵇ	25.8ᵃ	341.8ᵃ
3% 恶·咪	105.5ᵇ	24.4ᵃ	12.8ᵇ	136.1ᵃᵇ	68.5ᵃᵇ	24.5ᵃ	308.2ᵇ
10.5% 吡·咪	103.9ᵇᶜ	24.6ᵃ	14ᵃ	136.9ᵃᵇ	67.8ᵇ	26.3ᵃ	282.4ᵇ
多·福	104.2ᵇ	24.4ᵃ	11.3ᶜ	135.7ᵇ	66.4ᶜ	25.7ᵃ	303.6ᵇ
15.5% 吡·咪	105.1ᵇ	24.6ᵃ	12.1ᶜ	137.1ᵃᵇ	69.2ᵃᵇ	24.6ᵃ	301.9ᵇ
锐胜	105.3ᵇ	24.6ᵃ	12.7ᵇ	137.2ᵃᵇ	70.2ᵃ	25.2ᵃ	294.3ᵇᶜ
10.5% 噻·咪	109.3ᵃ	24.8ᵃ	10.8ᵈ	138.0ᵃ	69.2ᵃᵇ	26.2ᵃ	292.4ᵇᶜ
锐胜＋适乐时	102.9ᶜ	24.0ᵃᵇ	11.6ᶜ	133.8ᵇ	68.7ᵃᵇ	25.3ᵃ	278.9ᶜ
2.5% 噻·咪	104.0ᵇ	24.2ᵃᵇ	12.7ᵇ	134.9ᵇ	68.3ᵇ	25.8ᵃ	270.2ᶜ
拌种剂	101.8ᶜ	23.9ᵃᵇ	12.7ᵇ	133.2ᵇ	68.5ᵃᵇ	26.2ᵃ	269.8ᶜ
适乐时	104.6ᵇ	23.2ᵇ	12.3ᵇᶜ	129.3ᶜ	70.9ᵃ	26.1ᵃ	261.7ᶜ

表 3.12　丰源优 272 各处理稻谷产量验收统计

处　理	小区产量/（kg/8 m²）				合计 /kg	折合亩产 /（kg/667 m²）	与 CK 对比/%
	Ⅰ	Ⅱ	Ⅲ	平均			
15.5% 吡·咪	4.6	4.4	6.6	5.20	15.6	433.6	＋8.6%
10.5% 吡·咪	5	4.2	6	5.07	15.2	422.4	＋5.7%
适乐时	4.6	5.4	5.2	5.07	15.2	422.4	＋5.7%
2.5% 噻·咪	4.8	5.3	5	5.03	15.1	419.7	＋5.0%
拌种剂	5.2	4.8	5.02	5.01	15.02	417.4	＋4.4%
10.5% 噻·咪	5	5.6	4.4	5.00	15	416.9	＋4.3%
锐胜＋适乐时	5.6	4.6	4.8	5.00	15	416.9	＋4.3%
锐胜	5	4.6	5.2	4.93	14.8	411.3	＋2.9%
2.5% 吡·咪	4.2	5	5.6	4.93	14.8	411.3	＋2.9%
多·福	5.2	4.2	4.8	4.73	14.2	394.6	－1.4%
3% 恶·咪	4.4	4.4	5	4.60	13.8	383.5	－4.3%
CK	4.8	5	4.6	4.80	14.4	400.2	——

3.3 小 结

前人用悬浮种衣剂包衣水稻试验，发现种衣剂能够提高种子发芽率和大田的成秧率。我们的试验也表明，经过 15.5% 的吡·咪种衣剂处理后对提高发芽率的效果最好，多·福、2.5% 吡·咪、拌种剂和 2.5% 噻·咪对发芽率也有促进作用，这些种衣剂能提高种子的发芽率，保持种子的质量效价。经过种衣剂包衣后，拌种剂处理组和锐胜处理组成秧率显著高于对照组，这些种衣剂能够提高丰源优 272 种子成秧率。在试验中，2.5% 噻·咪处理组成秧率与对照组无显著差异，但 10.5% 噻·咪处理组成秧率却显著低于对照组 20 个百分点，推测可能是药剂浓度过高抑制了种子成秧率。其他种衣剂与对照组没有显著性差异，说明这些种衣剂处理对成秧率没有负面影响。曾卓华等的试验表明，经过种衣剂包衣后的水稻秧苗分蘖数、根长、鲜重都有所提高，但秧苗的株高、总根数变化不显著。而我们的试验结果表明，2.5% 噻·咪、10.5% 噻·咪、锐胜和适乐时处理组株高显著高出对照组；10 种种衣剂均能显著地提高水稻秧苗的叶面积，可能是种衣剂有效成分能够提高秧苗的叶面积；经过拌种剂和锐胜 + 适乐时包衣后的水稻秧苗总根数要显著高于对照组，10.5% 噻·咪和锐胜也具有壮根的效果；锐胜 + 适乐时处理和拌种剂处理组分蘖数都显著高于对照组，其他种衣剂处理对于提高秧苗分蘖数作用效果也较明显。我们的试验说明种衣剂能够提高秧苗的整体素质，但多·福处理组整体的秧苗素质不高，推测可能是多·福种衣剂内药剂浓度过大，产生了胁迫，导致秧苗素质下降。

郑洲等用吡虫啉种衣剂包衣水稻种子试验表明，经过包衣过后的水稻能对稻蓟马、稻飞虱有较好的防治效果；魏百裕等的试验表明，噻虫嗪对稻蓟马有较好的防治效果，防治效果可达 95%；付佑胜等的试验叶表明，噻虫嗪对稻飞虱有较好的防治效果，防治效果可以达到 96%。我们的试验结果也表明，丰源优 272 种子经过拌种剂、锐胜 + 适乐时、15.5% 吡·咪、2.5% 噻·咪、10.5% 吡·咪、锐胜和 2.5% 吡·咪处理后，水稻秧苗对稻蓟马的防治效果很显著，防治效果可以达到 88% 以上；除了多·福以外，10 种种衣剂在处理丰源优 272 种子后，对黑条矮缩病具有很好的防治效果，15.5% 吡·咪种衣剂的防治效果可以达到 60%。曾卓华等的试验表明，种衣剂能提高有效穗、穗粒数、理论产量和实际产量。我们的试验结果表明，适乐时处理组的穗长要显著低于对照组，其他种衣剂处理与对照组无显著性差异，各处理组的有效穗均高于对照组，锐胜和适乐时均能显著提高水稻的结实率，但各处理组的千粒重无显著性差异。2.5% 吡·咪处理组的理论产量与对照组无显著性差异，但其他种衣剂却显著降低了理论产量。这种实收产量与理论产量不一致的现象可能是统计误差所致，也有可能是试验面积较小，收割统计时导致一定的误差所致。

4 不同种衣剂包衣对中稻隆两优华占的应用效果研究

隆两优华占是由 H638S 与华占配组育成的籼型两系杂交水稻，在长江中下游种植面积较大，全生育期 140.1 d，平均亩产 650 kg 左右，适宜贵州、湖南、湖北、重庆四省（市）所辖的武陵山区海拔 800 m 以下稻区作为一季中稻种植，是湖南亚华种子有限公司主推的水稻品种之一。本试验采用 6 种种衣剂对其包衣，探究种衣剂对其性状的影响，旨在加快隆两优华占在南方稻区的推广，使其尽快转化为生产力，增加农民收入。

4.1 材料与方法

4.1.1 试验材料

供试水稻品种：中稻隆两优华占，由湖南亚华种子有限公司提供。

供试种衣剂：20.5% 吡·咪浸种型悬浮种衣剂、30.5% 吡·咪浸种型悬浮种衣剂、23.0% 噻·恶·咪浸种型悬浮种衣剂，由北农（海利）涿州种衣剂有限公司提供；锐胜、适乐时、亮盾，由先正达（中国）投资有限公司提供。

试验地点：湖南亚华种子公司关山基地。

试验时间：于 2014 年 6 月 3 日播种，6 月 29 日移栽。

4.1.2 试验方法

4.1.2.1 水稻种子包衣处理

本试验设计 6 个种衣剂处理和 1 个对照处理，各种衣剂的有效成分及用量见表 4.1。

表 4.1   试验设计表

药剂名称	有效成分	药剂使用量（以 g/100 kg 种子计算）	种衣剂使用量（以 1000 g 种子计算）
20.5% 吡·咪	70% 吡虫啉（30 g）+ 2.5% 咪鲜吡虫啉（70 g）	1250	12.5 g
30.5% 吡·咪	70% 吡虫啉（43 g）+ 2.5% 咪鲜吡虫啉（57g）	1000	10.0 g
23% 噻·恶·咪	70% 噻虫嗪（30 g）+ 3% 恶·咪（70 g）	1000	10.0 g
锐 胜	30% 噻虫嗪	300	3.0 g
适乐时	2.5% 咯菌腈	400	4.0 g
亮 盾	25 g/L 咯菌腈 + 37.5 g/L 精甲霜灵	300	3.0 g
CK	—	—	—

采用表 4.1 中的 6 种种衣剂 + 对照对中稻隆两优华占水稻种子进行手工包衣，包衣过程中加适量水，以保证包衣均匀，充分晾干后备用。按常规方法进行浸种催芽。

4.1.2.2   室内发芽率试验

随机选取 6 种种衣剂包衣后及对照组水稻种子各 600 粒，每个处理 3 次重复，每个重复 200 粒，在恒温光照培养箱中（30 ℃ 条件下）培养，记录正常苗、不正常苗、死种子等数据。发芽率参照国家标准（GB/T3543.4—1995）进行测定。

4.1.2.3   不同种衣剂对种子吸水速度的影响

随机选取 6 种种衣剂包衣后及对照组饱满健壮的水稻种子各 300 粒，3 次重复，每个重复 100 粒，分别浸种 8 h、16 h、24 h、32 h，测量其含水量（注意，浸种前应选取含水量一致的水稻种子）。

4.1.2.4   不同种子类型包衣后发芽率、成秧率试验

从经过 6 种种衣剂包衣后及对照组水稻种子中选取① 完全饱满新种、裂

颖新种之比 = 100∶0、② 完全饱满新种、裂颖新种之比 = 90∶10、③ 完全饱满新种、裂颖新种之比 = 80∶20、④ 完全饱满新种、裂颖新种之比 = 70∶30、⑤ 完全饱满新种、裂颖新种之比 = 0∶100，浸种处理，3 次重复，每个重复 100 粒，测定发芽率。测定完发芽率之后，把所有的秧苗播种到田间，进行成秧率的试验调查。

4.1.2.5　田间试验

将用于试验的芽谷随机排列播种，6 个处理 + 对照，每个处理 3 次重复，共 21 个试验小区。相同处理的重复组不在相邻的区域。每个区域 2 m × 3 m 的面积，播种 100 g，整个苗期不喷施与试验相关的药剂。水稻秧苗期（注：隆两优华占秧龄期 25 d）过后，进行大田移栽，移栽区域分布与播种区域排列相同。隆两优华占移栽规格是 20 cm × 26.7 cm，每个区域移栽 300 株，双株。整个大田期不喷施针对试验研究的主要病虫害农药，在同一肥力水平上进行农事管理。

4.1.2.6　成秧率调查

成秧率调查：在播种前，预先在每个秧田小区中铺入 25 cm × 25 cm 纱网（种子不能穿透），在隆两优华占播种后 10 d，数取纱网中正常苗、死种子、不正常苗，调查成秧率。

成秧率按如下公式计算：

$$成秧率(\%) = \frac{正常苗}{正常苗 + 不正常苗 + 死种子} \times 100\%$$

4.1.2.7　秧苗素质

隆两优华占播种后 15 d，采用五点法随机选取 10 株，调查苗高、单株分蘖数、单株绿叶数、秧苗茎基宽等秧苗素质等指标。

苗高：由秧苗的基部量至最长叶之顶端的高度（cm）。

分蘖数：除主茎外的分蘖个数。

叶片数：不包括未展开的心叶，叶片变黄部分超过一半者不计。

茎基宽：10 株秧苗平放紧靠在一起，测量秧苗茎部最宽处。

白根数：从根基至根尖全为白色的新鲜白根的数目。

总根数：包含白根在内的所有根的数目。

4.1.2.8 稻蓟马防治效果

秧苗卷尖叶数及稻蓟马防效调查：于隆两优华占播种后 10 d 和 20 d，每个处理区域采用对角线取样 5 点，每点 25 cm × 25 cm，调查记录卷尖叶数。

稻蓟马防治效果按如下公式计算：

$$稻蓟马防治效果(\%) = \frac{对照组卷尖数 - 处理组卷尖数}{对照组卷尖数} \times 100\%$$

4.1.2.9 黑条矮缩病防治效果

成熟期调查每个处理区域总的黑条矮缩病病株数。

$$黑条矮缩病防治效果(\%) = \frac{对照组病株数 - 处理组病株数}{对照组病株数} \times 100\%$$

4.1.2.10 经济性状及产量调查

在成熟时期测定株高、有效穗、结实率、每穗穗粒数、千粒重和理论产量。

株高：茎基部到最长穗的穗尖，从第 3 行第 3 列开始，连续取 5 兜测量株高，求出平均值。

有效穗：从第 3 行第 3 列开始，连续取 5 兜数有效穗（结实谷粒 10 粒以上的穗子），求出小区有效穗数，并计算每亩的有效穗数（万/667 m²）。

每穗穗粒数：连续取 5 兜有效穗样本，数其实粒和空秕粒，分别计数求出平均每穗实粒数、空秕粒数和总粒数，计算出结实率。

千粒重：将晒干后的种子（水分含量低于 13%）随机取 2 份各 1000 粒进行称重，如若两次称量结果相差小于等于其平均值的 3%，即为准确；若大于 3%，则需要另取 1 份 1000 粒称重，取两份重量相近的平均值为千粒重。

理论产量按如下公式计算：

$$每亩理论产量(kg) = \frac{每亩有效穗 \times 每穗实粒数 \times 千粒重(g)}{1000 \times 1000}$$

4.1.2.11 数据处理

所有数据采用 SPSS 软件中 *LSD* 法进行显著性差异分析，显著水平 0.05，小写字母不同表示在 *P* < 0.05 水平下存在显著性差异。

4.2 试验结果

4.2.1 不同种衣剂对隆两优华占发芽率的影响

由图 4.1 可知，适乐时处理组的发芽率显著低于对照 5.1%，其余 5 种种衣剂处理与对照相比无显著差异，30.5% 吡·咪、23.0% 噻·恶·咪、锐胜处理组的发芽率显著高于适乐时 4.8%～6.1%，说明适乐时对种子发芽有一定阻碍作用。

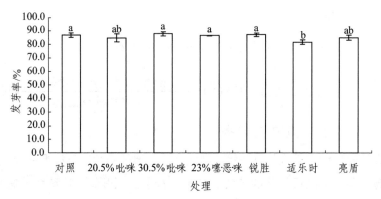

图 4.1 不同种衣剂对发芽率的影响

4.2.2 不同种衣剂对种子吸水速度的影响

种衣剂处理后的隆两优华占水稻种子平均吸水速度与对照相比无显著差异（图 4.2），说明虽然种衣剂在水稻种子表面形成了致密膜层，但是并不妨碍种子的吸水膨胀，包衣后种子的吸水性能没有发生变化。

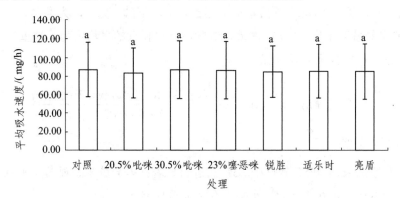

图 4.2 不同种衣剂对种子吸水速度的影响

4.2.3　不同种子类型包衣后发芽率

由图 4.3 可知，隆两优华占水稻种子（完全饱满新种、裂颖新种之比 = 100：0）包衣处理后，30.5% 吡·咪处理组的发芽率显著低于对照 2.4%，其他 5 种种衣剂处理组的发芽率与对照相比无显著差异，20.5% 吡·咪和锐胜处理组的发芽率显著高于 30.5% 吡·咪、23.0% 噻·恶·咪、适乐时和亮盾。比例为 90：10 时，20.5% 吡·咪和亮盾处理组的发芽率显著高于对照 4.3% ~ 6.0%，其余 4 种种衣剂发芽率与对照相比无显著差异，20.5% 吡·咪和亮盾处理组的发芽率显著高于 30.5% 吡·咪、23.0% 噻·恶·咪、锐胜、适乐时 2.7% ~ 6.4%。比例为 80：20 时，30.5% 吡·咪和适乐时处理组的发芽率显著低于对照 4.3% ~ 5.7%，其余 4 种种衣剂处理组的发芽率与对照相比无显著差异，20.5% 吡·咪和 23.0% 噻·恶·咪处理组的发芽率显著高于 30.5% 吡·咪和适乐时处理 4.0% ~ 6.7%。比例为 70：30 时，20.5% 吡·咪和亮盾处理组的发芽率显著低于对照 6.0% ~ 17.4%，其余 4 种种衣剂处理组的发芽率与对照相比无显著差异，30.5% 吡·咪、23.0% 噻·恶·咪、适乐时处理组的发芽率显著高于 20.5% 吡·咪处理 13.7% ~ 15.7%。比例为 0：100 时，20.5% 吡·咪、适乐时和亮盾处理组的发芽率显著低于对照 5.83%、8.00% 和 9.33%，其余 3 种种衣剂处理组的发芽率与对照无显著差异。

试验结果表明，包衣的杂交水稻种子中裂颖比例越高，发芽率受到种衣剂影响就越大，发芽率越低。因此，用于包衣的种子应选取饱满闭合的好种子。

4.2.4　不同种子类型包衣后成秧率

由图 4.4 可知，隆两优华占水稻种子（完全饱满新种、裂颖新种之比 = 100：0）包衣处理后，20.5% 吡·咪处理组的成秧率显著低于对照 7.8%，其余 5 种种衣剂与对照相比无显著差异，30.5% 吡·咪、23.0% 噻·恶·咪、锐胜、适乐时、亮盾处理组的成秧率显著高于 20.5% 吡·咪处理 5.5%、8.2%、5.7%、8.2%、5.8%。比例为 90：10 时，种衣剂处理组的成秧率与对照相比无显著差异，30.5% 吡·咪处理组的成秧率显著高于 20.5% 吡·咪、23.0% 噻·恶·咪处理 8.0%、8.1%。比例为 80：20 时，20.5% 吡·咪处理组的成秧率显著低于对照 12.5%，其余 5 种种衣剂处理组的成秧率与对照相比无显著差异，30.5%

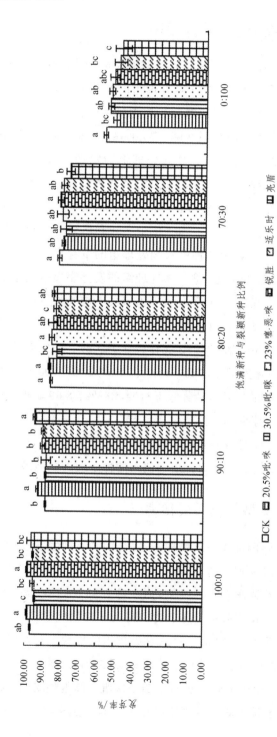

图 4.3　隆两优华占不同种子类型包衣后的发芽率

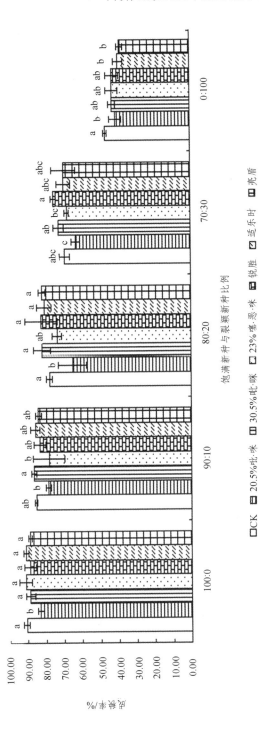

图 4.4　隆两优华占不同种子类型包衣后的成秧率

吡·咪、锐胜、适乐时、亮盾处理组的成秧率显著高于 20.5% 吡·咪处理 17.7%、17.2%、18.3%、16.7%。比例为 70 : 30 时，种衣剂处理组的成秧率与对照相比无显著差异，锐胜处理组的成秧率显著高于 20.5% 吡·咪、23.0% 噻·恶·咪处理 12.2%、7.4%。比例为 0 : 100 时，20.5% 吡·咪、适乐时和亮盾处理组的成秧率显著低于对照 5.83%、7.17% 和 8.17%，其余 3 种种衣剂处理组的成秧率与对照无显著差异。

4.2.5　不同种衣剂对隆两优华占成秧率的影响

20.5% 吡·咪、23.0% 噻·恶·咪、适乐时、亮盾处理组的成秧率显著低于对照 0.8%、0.9%、1.9%、1.6%，30.5% 吡·咪、锐胜处理组的成秧率与对照相比无显著差异。30.5% 吡·咪处理组的成秧率显著高于 23.0% 噻·恶·咪、适乐时、亮盾处理 0.7%、1.7%、1.4%，20.5% 吡·咪、23.0% 噻·恶·咪、锐胜处理组的成秧率显著高于适乐时、亮盾处理 0.7% ~ 1.6%（图 4.5）。经过种衣剂包衣处理后，隆两优华占水稻品种的成秧率有明显降低。

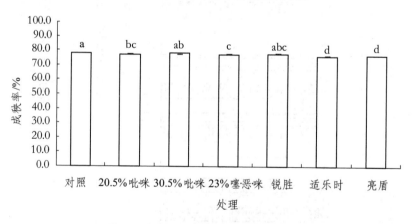

图 4.5　不同种衣剂对成秧率的影响

4.2.6　不同种衣剂对隆两优华占秧苗素质的影响

种衣剂处理后的隆两优华占水稻种子苗高与对照相比无显著差异（图 4.6），说明种衣剂对水稻秧苗的生长没有抑制作用，同时也没有明显的促进作用。

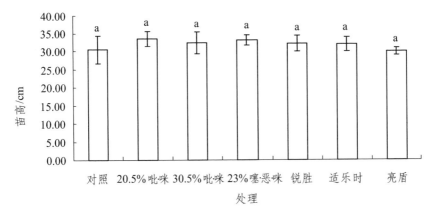

图 4.6 不同种衣剂对隆两优华占苗高的影响

30.5% 吡·咪、锐胜处理组的单株分蘖数显著高于对照 0.16、0.13 分蘖数，说明这两种种衣剂能显著促进秧苗的分蘖。30.5% 吡·咪处理组的单株分蘖数显著高于适乐时处理 0.13 分蘖数（图 4.7）。

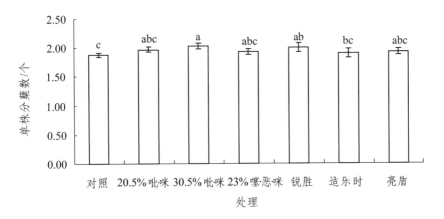

图 4.7 不同种衣剂对单株分蘖数的影响

30.5% 吡·咪、23.0% 噻·恶·咪、锐胜处理组的单株绿叶数显著高于对照 0.47、0.57、0.43 片，其余 3 种种衣剂与对照相比无显著差异，23.0% 噻·恶·咪处理组的单株绿叶数显著高于亮盾处理 0.47 片（图 4.8），说明 30.5% 吡·咪、23.0% 噻·恶·咪、锐胜种衣剂能促进水稻秧苗叶的生成。

种衣剂处理后的隆两优华占水稻秧苗茎基宽与对照相比无显著差异（图 4.9），说明种衣剂对水稻秧苗茎基宽没有显著影响。

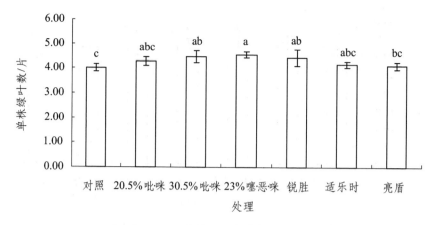

图 4.8　不同种衣剂对单株绿叶数的影响

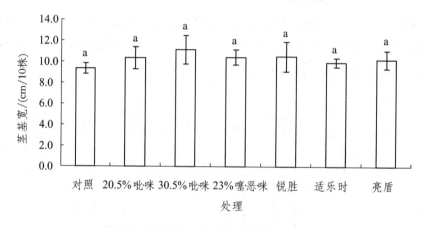

图 4.9　不同种衣剂对秧苗茎基宽的影响

30.5% 吡·咪处理组的总根数显著高于对照 7.2 根，其余 5 种种衣剂处理组的总根数与对照相比无显著差异（图 4.10），说明 30.5% 吡·咪种衣剂有明显促进根系生长的作用。

由图 4.11 可得，20.5% 吡·咪、30.5% 吡·咪、23.0% 噻·恶·咪、适乐时处理组的白根数显著高于对照 2.8，2.1，1.5，1.2 根，说明 20.5% 吡·咪、30.5% 吡·咪、23.0% 噻·恶·咪、适乐时能显著促进白根的生成。20.5% 吡·咪处理组的白根数显著高于 23.0% 噻·恶·咪、锐胜、适乐时、亮盾处理 1.3，1.8，1.6，2.6 根，说明 20.5% 吡·咪相比其余种衣剂对促进白根生成的作用更为明显。

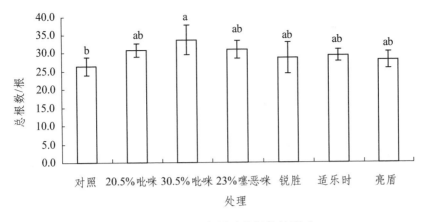

图 4.10 不同种衣剂对总根数的影响

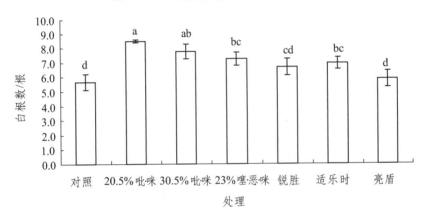

图 4.11 不同种衣剂对白根数的影响

4.2.7 不同种衣剂对隆两优华占稻蓟马防治效果的影响

从隆两优华占第一次和第二次防治稻蓟马效果（图 4.12）可知，6 种种衣剂都有一定的防治稻蓟马效果，但 20.5% 吡·咪、30.5% 吡·咪、23.0% 噻·恶·咪、锐胜处理组的防效显著高于适乐时和亮盾处理组，前 4 种种衣剂对稻蓟马的防效较为理想，其防效比适乐时和亮盾种衣剂好。适乐时的主要成分是咯菌腈，没有杀虫剂的效果，导致其防效甚微；亮盾的防治效果也不理想，推测主要原因可能是其成分为咯菌腈和精甲霜灵，是种子处理杀菌剂，不具备杀虫功能，导致其防效最低。

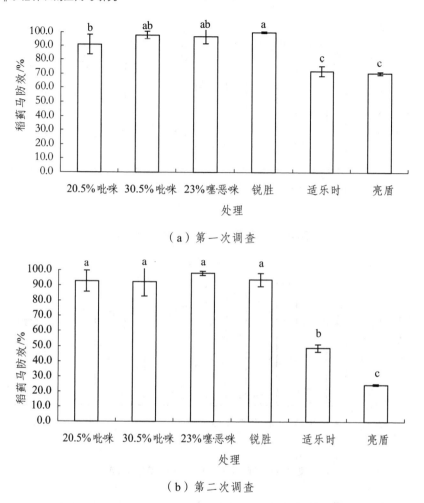

（a）第一次调查

（b）第二次调查

图 4.12 不同种衣剂对稻蓟马防治效果的影响

4.2.8 不同种衣剂对隆两优华占黑条矮缩病防治效果的影响

30.5% 吡·咪种衣剂防治黑条矮缩病效果显著高于 20.5% 吡·咪、23.0% 噻·恶·咪、适乐时、亮盾处理组 20.0%、27.6%、56.5%、33.7%。锐胜种衣剂防治黑条矮缩病效果显著高于 23.0% 噻·恶·咪、适乐时、亮盾处理 22.1%、51.0%、28.2%（图 4.13），表明 30.5% 吡·咪、锐胜种衣剂防治黑条矮缩病效果显著高于其余种衣剂。

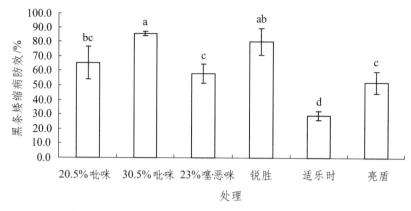

图 4.13 不同种衣剂对黑条矮缩病防治效果的影响

4.2.9 不同种衣剂对隆两优华占产量性状的影响

种衣剂处理后的隆两优华占有效穗、实粒数、结实率、理论产量与对照相比无显著差异，但 20.5% 吡·咪、30.5% 吡·咪处理组的株高显著低于对照，30.5% 吡·咪处理组的千粒重显著高于对照（表 4.2），说明种衣剂对于主要性状没有显著影响，但对个别性状的影响存在差异。

表 4.2 隆两优华占主要性状及产量构成因素

处　理	株高/cm	有效穗 /（万/667 m²）	实粒数 /粒	结实率 /%	千粒重 /g	理论产量 /（kg/667 m²）
对　照	120.65ª	18.7ª	141.8ª	90.35ª	24.46ᵇ	648.46ª
20.5% 吡·咪	115.31ᶜ	18.3ª	144.9ª	86.58ª	25.16ᵃʰ	667.34ª
30.5% 吡·咪	116.39ᵇᶜ	18.4ª	145.8ª	91.37ª	25.51ª	684.36ª
23% 噻·恶·咪	120.43ª	18.7ª	136.9ª	91.40ª	24.71ᵃᵇ	632.63ª
锐　胜	117.18ᵃᵇᶜ	19.3ª	139.9ª	88.73ª	25.18ᵃᵇ	679.66ª
适乐时	118.57ᵃᵇᶜ	19.2ª	138.3ª	85.56ª	24.87ᵃᵇ	660.55ª
亮　盾	119.81ᵃᵇ	18.7ª	148.7ª	90.23ª	24.57ᵃᵇ	683.16ª

4.3 小　结

适乐时处理后的隆两优华占水稻种子发芽率显著低于对照组，与我们前期对不同品种采用适乐时包衣的结果有所差异，推测水稻品种的差异性可能是主要原因。种衣剂处理后的降两优华占水稻种子吸水速度与对照相比无显著差异，说明包裹在水稻种子上的膜并不会阻碍种子的吸水膨胀发芽，还可能提高发芽率。不同种衣剂类型包衣后的发芽率试验中，20.5% 吡·咪处理组的发芽率比 30.5% 吡·咪具有优势，推测种衣剂浓度过高时可能对种子的发芽有一定的阻碍，实际应用时并非种衣剂浓度越大越好。

对于不同种子类型包衣后的成秧率而言，种子饱满与裂颖比例为 100∶0 时，20.5% 吡·咪处理组的成秧率显著低于对照。比例为 90∶10、0∶100 时，种衣剂处理组的成秧率与对照相比无显著差异。明显可以得出，比例为 100∶0 时种子发芽率高于比例为 0∶100 时，说明裂颖率越高，种衣剂对胚的影响越大，发芽率、成秧率也越低，用于包衣的种子应尽量选取饱满闭合的好种子。

种衣剂处理对苗的生长没有显著影响，30.5% 吡·咪、锐胜种衣剂具有促进秧苗分蘖的作用。所有种衣剂处理秧苗茎基宽与对照相比无显著差异。而且种衣剂有一定的增根作用，20.5% 吡·咪种衣剂有明显促进白根生成的作用。20.5% 吡·咪、30.5% 吡·咪、23.0% 噻·恶·咪和锐胜种衣剂防治稻蓟马的效果好于亮盾与适乐时。种衣剂处理后水稻的成秧率明显降低，30.5% 吡·咪种衣剂防治黑条矮缩病效果显著高于 20.5% 吡·咪、23.0% 噻·恶·咪、适乐时和亮盾。

种衣剂处理后的水稻有效穗、实粒数、结实率、理论产量与对照相比无显著差异，但 20.5% 吡·咪、30.5% 吡·咪处理组的株高显著低于对照组，30.5% 吡·咪处理组的千粒重显著高于对照。

5 不同种衣剂包衣对 T 优 272 的应用效果研究

T 优 272 属籼型三系杂交水稻晚稻品种，由 T98A 与华恢 272 配组育成，在长江中下游地区平均生育期 114.9 d，熟期较迟，产量中等，米质优，但抗病性较差，适宜在湖南、浙江、湖北和安徽长江以南的稻瘟病、白叶枯病轻发的双季稻区作晚稻种植。本试验采用 6 种种衣剂对其包衣，探索种衣剂对其性状的影响，旨在筛选出最佳种衣剂，保证 T 优 272 的优质高产。

5.1 材料与方法

5.1.1 试验材料

供试水稻品种：晚稻 T 优 272，由湖南亚华种子有限公司提供。

供试种衣剂：20.5% 吡·咪浸种型悬浮种衣剂、30.5% 吡·咪浸种型悬浮种衣剂、23.0% 噻·恶·咪浸种型悬浮种衣剂，由北农（海利）涿州种衣剂有限公司提供；锐胜、适乐时、亮盾，由先正达（中国）投资有限公司提供。

试验地点：湖南亚华种子公司关山基地。

试验时间：于 2014 年于 6 月 20 日播种，7 月 12 日移栽。

5.1.2 试验方法

5.1.2.1 包衣处理

方法同 4.1.2.1。

5.1.2.2 室内发芽率测定

方法同 4.1.2.2。

5.1.2.3　不同种衣剂对种子吸水速度的影响

方法同 4.1.2.3。

5.1.2.4　不同种子类型包衣后发芽率、成秧率试验

方法同 4.1.2.4。

5.1.2.5　田间试验

将用于试验的芽谷随机排列播种，6 个处理 + 空白对照，每个处理 3 次重复，共 21 个试验小区。相同处理的重复组不在相邻的区域。每个区域面积 2 m × 3 m，播种 100 g，整个苗期不喷施与试验相关的任何药剂。水稻秧苗期，T 优 272 秧龄期 22 d 过后进行大田移栽，移栽区域分布与播种区域排列方式相同。T 优 272 移栽规格 20 cm × 20 cm，每个区域移栽 200 株，双株。整个大田期不喷施针对试验研究的主要病虫害农药，在同一肥力水平上进行农事管理。

5.1.2.6　成秧率调查

方法同 4.1.2.6。

5.1.2.7　秧苗素质

方法同 4.1.2.7。

5.1.2.8　稻蓟马防治效果调查

方法同 4.1.2.8。

5.1.2.9　黑条矮缩病防治效果调查

方法同 4.1.2.9。

5.1.2.10　经济性状及产量调查

方法同 4.1.2.10。

5.1.2.11　数据处理

所有数据采用 SPSS 软件中 LSD 法进行显著性差异分析，显著水平 0.05，小写字母不同表示在 $P < 0.05$ 水平下存在显著性差异。

5.2 试验结果

5.2.1 不同种衣剂对 T 优 272 发芽率的影响

6 种种衣剂处理后的 T 优 272 水稻种子发芽率与对照相比无显著差异，30.5% 吡·咪处理组的发芽率显著高于 20.5% 吡·咪 4.3%（图 5.1）。种衣剂对水稻种子的发芽率影响不显著，说明种衣剂虽然能在种子外部形成致密的膜，但不影响晚稻种子 T 优 272 的发芽率。在生产实践中，不需要增加浸种量。

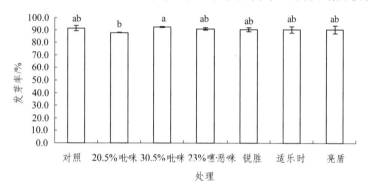

图 5.1 不同种衣剂对发芽率的影响

5.2.2 不同种衣剂对种子吸水速度的影响

6 种种衣剂处理后的 T 优 272 水稻种子平均吸水速度与对照相比无显著差异（图 5.2），种衣剂不影响水稻种子的吸水膨胀，种衣剂形成的致密的膜并不影响种子的吸水膨胀。

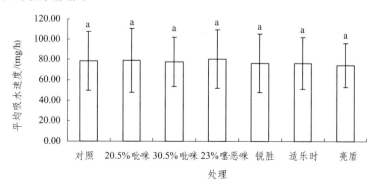

图 5.2 不同种衣剂包衣对种子吸水速度的影响

5.2.3 不同种子类型包衣后的发芽率试验

由图 5.3 可知，种衣剂处理后的 T 优 272 水稻种子（完全饱满新种、裂颖之比 = 100：0）发芽率与对照相比无显著差异，20.5% 吡·咪处理组的发芽率显著高于亮盾处理 6.0%。比例为 90：10 时，种衣剂处理组的发芽率与对照相比无显著差异，20.5% 吡·咪、30.5% 吡·咪、锐胜处理组的发芽率显著高于亮盾处理 6.3%、6.3%、6.6%。比例为 80：20 时，20.5% 吡·咪、30.5% 吡·咪、锐胜、适乐时、亮盾处理组的发芽率显著高于对照 3.5%、4.8%、3.5%、4.8%、4.1%，20.5% 吡·咪、30.5% 吡·咪、锐胜、适乐时、亮盾处理组的发芽率显著高于 23.0% 噻·恶·咪处理 3.7%、5.0%、3.7%、5.0%、4.3%。比例为 70：30 时，30.5% 吡·咪和锐胜处理组的发芽率显著高于对照 2.7%、4.3%，亮盾处理组的发芽率显著低于对照 2%。30.5% 吡·咪和锐胜处理组的发芽率显著高于 20.5% 吡·咪、23.0% 噻·恶·咪、适乐时、亮盾处理。比例为 0：100 时，20.5% 吡·咪处理组的发芽率显著高于对照 6.6%，30.5% 吡·咪、23.0% 噻·恶·咪、锐胜、适乐时、亮盾处理组的发芽率显著低于对照 3.0%、6.7%、2.7%、7.4%、5.7%。20.5% 吡·咪处理组的发芽率显著高于 30.5% 吡·咪、23.0% 噻·恶·咪、锐胜、适乐时、亮盾处理 9.6%、13.3%、9.3%、14.0%、12.3%，说明 20.5% 吡·咪在此类型中未对裂颖的种胚造成损伤，提高了种子的发芽率。

裂颖越多，受到种衣剂影响越大，发芽率越低。由于杂交水稻的裂颖十分常见，在杂交水稻种子精加工过程中，强化质量控制，应综合考虑裂颖率，将种子的裂颖控制在合理水平，用于包衣的种子应选取饱满闭合的好种子，兼顾种子加工生产厂家效益和农民的经济效益。

5.2.4 不同种子类型包衣后的成秧率试验

由图 5.4 可知，T 优 272 水稻种子（完全饱满新种、裂颖之比 = 100：0）包衣处理后，23.0% 噻·恶·咪、锐胜和亮盾处理组的成秧率显著低于对照 6.8%、13.5%、6.8%，其余 3 种种衣剂成秧率与对照相比无显著差异。30.5% 吡·咪处理组的成秧率显著高于 23.0% 噻·恶·咪、锐胜、适乐时、亮盾处理 10.3%、17.0%、8.3%、10.3%，说明 30.5% 吡·咪相比其余种衣剂不会对秧苗损伤，没有影响成秧率。比例为 90：10 时，30.5% 吡·咪处理组的成秧率显著高于对照

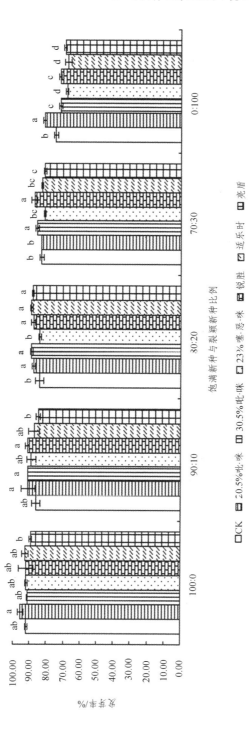

图 5.3　T 优 272 在不同种子类型包衣后的发芽率

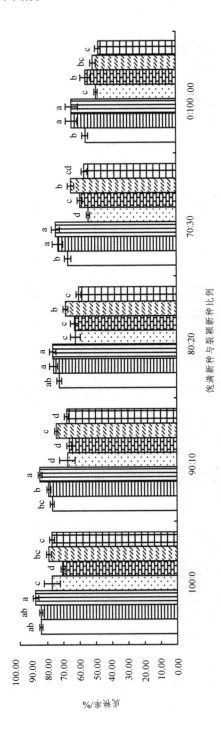

图 5.4　丁优 272 不同种子类型包衣后的成秧率

7.6%、23.0% 噻·恶·咪、锐胜和亮盾处理组的成秧率显著低于对照 9.5%、10.9%、9.0%，20.5% 吡·咪、适乐时处理组的成秧率与对照相比无显著差异。30.5% 吡·咪处理组的成秧率显著高于 20.5% 吡·咪、23.0% 噻·恶·咪、锐胜、适乐时、亮盾处理 5.5%、17.1%、18.5%、10.5%、16.6%，说明 30.5% 吡·咪能促进秧苗的生长，20.5% 吡·咪、适乐时对秧苗无显著影响。比例为 80：20 时，23.0% 噻·恶·咪、锐胜和亮盾处理组的成秧率显著低于对照 10.2%、9.9%、12.0%，其余 3 种种衣剂处理组的成秧率与对照相比无显著差异。20.5% 吡·咪、30.5% 吡·咪处理组的成秧率显著高于 23.0% 噻·恶·咪、锐胜、适乐时、亮盾。比例为 70：30 时，20.5% 吡·咪和 30.5% 吡·咪处理组的成秧率显著高于对照 6.0%、7.1%，23.0% 噻·恶·咪、锐胜和亮盾处理组的成秧率显著低于对照 12.9%、7.7%、10.4%，适乐时处理组的成秧率与对照相比无显著差异。20.5% 吡·咪和 30.5% 吡·咪处理组的成秧率显著高于 23.0% 噻·恶·咪、锐胜、适乐时、亮盾，说明 20.5% 吡·咪和 30.5% 吡·咪能促进秧苗的生长。比例为 0：100 时，20.5% 吡·咪和 30.5% 吡·咪处理组的成秧率显著高于对照 8.3%、8.1%，23.0% 噻·恶·咪和亮盾处理组的成秧率显著低于对照 6.7%、8.0%，锐胜、适乐时处理组的成秧率与对照相比无显著差异。20.5% 吡·咪和 30.5% 吡·咪处理组的成秧率显著高于 23.0% 噻·恶·咪、锐胜、适乐时、亮盾，说明 20.5% 吡·咪和 30.5% 吡·咪能促进秧苗的生长。

5.2.5 不同种衣剂对 T 优 272 成秧率的影响

由图 5.5 可得，20.5% 吡·咪、30.5% 吡·咪、23.0% 噻·恶·咪、锐胜、适乐时、亮盾处理组的成秧率显著低于对照 1.0%、0.6%、1.1%、0.8%、1.7%、1.3%。经过种衣剂包衣处理后，晚稻品种水稻品种 T 优 272 的成秧率均有所下降，但下降幅度均不大。

5.2.6 不同种衣剂对 T 优 272 秧苗素质的影响

不同种衣剂处理后的 T 优 272 水稻种子苗高与对照相比无显著差异（图 5.6），说明种衣剂对水稻秧苗的生长没有太大的影响。但 20.5% 吡·咪和 30.5% 吡·咪处理组的苗高分别显著高于适乐时处理 3.13 cm、3.20 cm，适乐时表现不如其余种衣剂好。

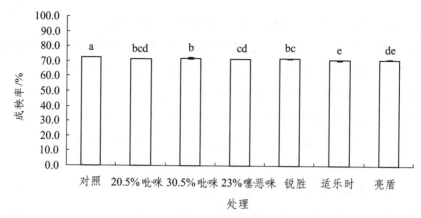

图 5.5　不同种衣剂对成秧率的影响

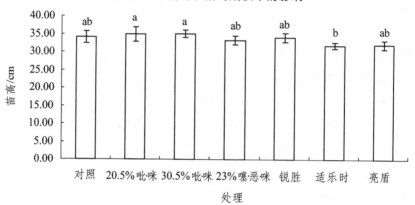

图 5.6　不同种衣剂对苗高的影响

由图 5.7 可知，20.5% 吡·咪、30.5% 吡·咪、23.0% 噻·恶·咪、锐胜处

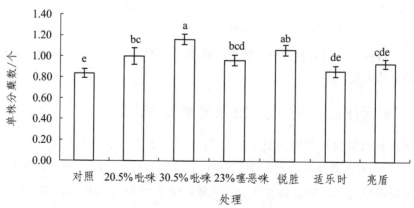

图 5.7　不同种衣剂对单株分蘖数的影响

理组的单株分蘖数显著高于对照 0.17、0.34、0.14、0.24 分蘖数，30.5% 吡·咪处理组的单株分蘖数显著高于 20.5% 吡·咪、23.0% 噻·恶·咪 0.17、0.20 分蘖数。说明这四种种衣剂能有效促进水稻秧苗的分蘖，但 30.5% 吡·咪相比其余 3 种种衣剂效果更好。

种衣剂处理后的 T 优 272 单株绿叶数与对照相比无显著差异（图 5.8），说明种衣剂对 T 优 272 单株绿叶数无显著影响。

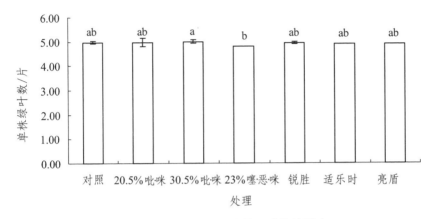

图 5.8　不同种衣剂对单株绿叶数的影响

种衣剂处理后的 T 优 272 秧苗茎基宽与对照相比无显著差异（图 5.9），说明种衣剂对水稻秧苗茎基宽无显著影响。

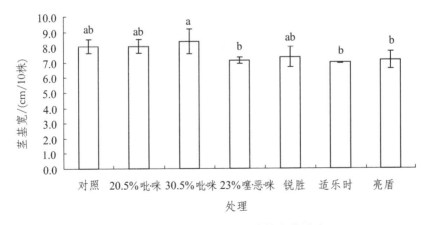

图 5.9　不同种衣剂对秧苗茎基宽的影响

种衣剂处理后的 T 优 272 总根数与对照相比无显著差异（图 5.10）。

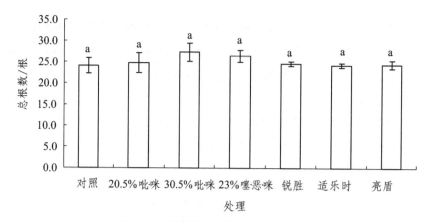

图 5.10　不同种衣剂对总根数的影响

由图 5.11 可知，20.5% 吡·咪和亮盾处理组的 T 优 272 白根数显著高于对照 1.4，1.1 根，20.5% 吡·咪处理组的白根数显著高于适乐时 1.0 根，表明 T 优 272 试验中 20.5% 吡·咪种衣剂有明显促进白根生成的作用。

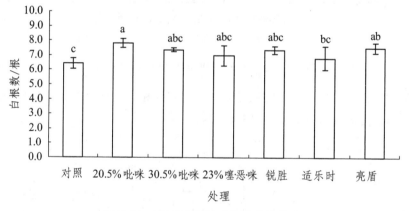

图 5.11　不同种衣剂对白根数的影响

5.2.7　不同种衣剂对 T 优 272 稻蓟马防治效果的影响

对 T 优 272 第一次、第二次防治稻蓟马效果见图 5.12。20.5% 吡·咪、30.5% 吡·咪、23.0% 噻·恶·咪、锐胜种衣剂防治稻蓟马的效果显著高于适乐时和亮盾。说明 20.5% 吡·咪、30.5% 吡·咪、23.0% 噻·恶·咪和锐胜对稻蓟马的防治效果较好。效果最低的为适乐时和亮盾种衣剂，这与前期我们对隆两优华占试验结果是一致的。

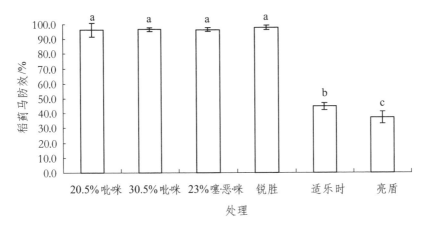

（a）第一次调查

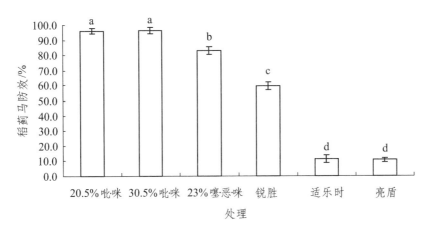

（b）第二次调查

图 5.12　不同种衣剂对稻蓟马防治效果的影响

5.2.8　不同种衣剂对 T 优 272 黑条矮缩病防治效果的影响

　　20.5% 吡·咪、30.5% 吡·咪、23.0% 噻·恶·咪、锐胜、适乐时、亮盾对黑条矮缩病都有一定的防治效果（图 5.13），30.5% 吡·咪显著高于 23.0% 噻·恶·咪、适乐时和亮盾 21.7%、46.7%、25%，表明 30.5% 吡·咪防治 T 优 272 黑条矮缩病的效果最好。

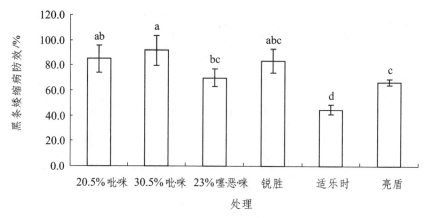

图 5.13　不同种衣剂对黑条矮缩病防治效果的影响

5.2.9　不同种衣剂对 T 优 272 产量性状的影响

种衣剂处理后的 T 优 272 有效穗、实粒数、千粒重、理论产量与对照相比无显著差异（表 5.1），20.5% 吡·咪处理组的株高显著高于对照，30.5% 吡·咪处理组的结实率显著高于对照。20.5% 吡·咪、30.5% 吡·咪在某些性状上有一定的促进作用，但并没有影响水稻的理论产量。

表 5.1　T 优 272 主要性状及产量构成因素

处　理	株高 /cm	有效穗 /（万/666.7 m²）	实粒数 /粒	结实率 /%	千粒重 /g	理论产量 /（kg/666.7 m²）
对　照	118.72[b]	18.2[a]	152.12[a]	87.03[b]	28.28[a]	782.95[a]
20.5% 吡·咪	125.14[a]	20.6[a]	145.46[a]	89.62[ab]	27.76[a]	831.80[a]
30.5% 吡·咪	122.66[ab]	20.0[a]	147.31[a]	91.10[a]	28.26[a]	832.59[a]
23% 噻·恶·咪	119.76[b]	18.1[a]	157.10[a]	90.55[ab]	28.35[a]	806.12[a]
锐　胜	119.28[b]	18.6[a]	146.39[a]	88.96[ab]	27.99[a]	762.11[a]
适乐时	120.79[ab]	18.8[a]	163.53[a]	88.81[ab]	28.57[a]	878.34[a]
亮　盾	120.42[ab]	19.4[a]	150.49[a]	89.58[ab]	27.51[a]	803.16[a]

5.3　小　结

参试 6 种种衣剂对 T 优 272 的发芽率、吸水速度与对照相比都无显著差异，由此可推测，水稻种子包上一层膜，并不会阻碍其吸水膨胀发芽，还可能提高发芽率。不同种子类型包衣后的发芽率试验中，种衣剂在各个类型中的表现有优有劣，但是相比对照而言并没有明显的提高或者降低。在不同种子类型包衣后的成秧率试验中，所有类型中 23.0% 噻·恶·咪处理组的成秧率都显著低于对照，该种衣剂对 T 优 272 秧苗的生长有阻碍作用。明显可以看出，完全饱满新种、裂颖新种比例为 100∶0 类型的种子发芽率远远大于 0∶100 类型，裂颖率越高，种衣剂对胚的影响越大，发芽率和成秧率也越低，用于包衣的种子应选取饱满闭合的好种子。

6 种种衣剂对苗的生长没有显著影响。30.5% 吡·咪、锐胜处理组的单株分蘖数显著高于对照，该 2 种种衣剂促进秧苗分蘖的作用比其他种衣剂有更大的优势。30.5% 吡·咪、23.0% 噻·恶·咪、锐胜处理组的单株绿叶数与对照相比无显著差异，与前期我们对隆两优华占结果有所差异，可能是由于隆两优华占和 T 优 272 两个品种特性不同。而 6 种种衣剂对出叶速度的影响还有待进一步的试验探索。

种衣剂处理后的 T 优 272 水稻秧苗茎基宽、总根数与对照相比无显著差异。20.5% 吡·咪处理组的白根数显著高于对照，说明 20.5% 吡·咪种衣剂有明显促进白根生成的作用。20.5% 吡·咪、30.5% 吡·咪、23.0% 噻·恶·咪和锐胜种衣剂防治稻蓟马的效果较好；效果最低的为适乐时与亮盾。种衣剂处理后的 T 优 272 成秧率明显降低，其中 20.5% 吡·咪、23.0% 噻·恶·咪、适乐时、亮盾处理组的成秧率显著低于对照，这 4 种种衣剂对秧苗有损伤。

对于 T 优 272 而言，20.5% 吡·咪、30.5% 吡·咪、23.0% 噻·恶·咪、锐胜、适乐时、亮盾种衣剂都有一定的防治黑条矮缩病效果，30.5% 吡·咪的防效显著高于 23.0% 噻·恶·咪、适乐时和亮盾 21.7%、46.7%、25%，表明 30.5% 吡·咪防治 T 优 272 黑条矮缩病的效果最好。种衣剂处理后的 T 优 272 有效穗、实粒数、千粒重、理论产量与对照相比无显著差异，但 20.5% 吡·咪处理组的株高显著高于对照，30.5% 吡·咪处理组的结实率显著高于对照。20.5% 吡·咪和 30.5% 吡·咪在两个品种试验中的结果表现不一致，可能原因在于水稻的品种特性不同。

6　种衣剂在水稻叶片内残留动态研究

我们的前期研究表明，种衣剂能够有效地提高水稻的秧苗素质和抗性，国内学者也有关于种衣剂在植物体内残留的相关研究报道。种衣剂的有效成分实质为农药，虽然包衣的方式相对于常规施药而言农药的用量较少，但由于种衣剂会在种子外部形成致密的膜，种衣剂中所含农药的释放速度延缓。因此，有必要探讨、研究种衣剂在水稻中的残留动态，以保障农业生产安全和食品安全。我们选取隆两优华占和 T 优 272 水稻种子进行相关的研究。

6.1　材料与方法

6.1.1　试验材料

供试材料：隆两优华占、T 优 272 水稻品种，湖南亚华种子有限公司提供。

供试种衣剂：20.5% 吡·咪浸种型悬浮种衣剂、30.5% 吡·咪浸种型悬浮种衣剂；吡虫啉标样、咪鲜胺标样，由北农（海利）涿州种衣剂有限公司提供。

6.1.2　主要仪器设备

主要仪器设备：LC-10AT vp Plus 高效液相色谱仪（SPD-10Avp Plus 检测器）（日本岛津公司），UVmini-1240 紫外分光扫描仪（日本岛津公司），DH-420H 恒温培养箱（北京中兴伟业公司），RE-52AA 旋转蒸发仪（上海亚容仪器公司）。

6.2　试验方法

6.2.1　吡虫啉标准曲线制作

参照周琴和吴永凤的高效液相色谱分析方法：精确称取 0.006 g 吡虫啉标准样品，加入甲醇-水（45∶55）溶液溶解，定容到 100 mL，超声波处理 5 min，得到 60 mg/L 的母液，用吡虫啉母液配制 0.6、1.2、3.0、6.0、12.0、60.0 mg/L 的吡虫啉梯度溶液，过 0.45 μm 有机滤膜。

HPLC 设定条件：流速 1 mL/min，检测波长 268 nm，甲醇（流动相 B）-水（流动相 A）（45∶55），上样 15 μL，保留时间约为 9 min。以进样量为横坐标、峰面积（响应值）为纵坐标绘制标准曲线。

6.2.2　吡虫啉在水稻叶片内残留检测

在大田中，于秧苗 10 d、25 d 采用五点法取 20.5% 吡·咪包衣处理后的隆两优华占秧苗叶片 20 片，置于冰箱中密封保存。称取 0.06 g 叶片，加 1 mL 甲醇-水（45∶55）溶液，磨碎叶片，用甲醇-水（45∶55）溶液定容至 1.5 mL，超声波处理 20 min 后，10 000 r/min 离心 10 min，取上清液 1 mL，加入 2 mL 二氯甲烷，收集二氯甲烷相，经无水硫酸钠和脱脂棉的三角漏斗过滤，收集液于 40 ℃ 下旋转蒸干，用 1 mL 甲醇-水（45∶55）溶液溶解，经 0.45 μm 滤膜过滤后采用 HPLC 检测。

6.2.3　咪鲜胺标准曲线的制作

精确称取 0.01 g 咪鲜胺标准样品，加入少许甲醇溶解，用甲醇定容于 100 mL 容量瓶中，超声 20 min，得到 100 mg/L 咪鲜胺标准母液，取 3 mL 于 UVmini-1240 紫外分光扫描仪中扫描，在 217 nm 处有最大吸收值，选定 220 nm 作为测定波长。用咪鲜胺标准母液配制 1.0、5.0、10.0、50.0 mg/L 的咪鲜胺梯度溶液，经 0.45 μm 有机滤膜过滤。

HPLC 设定条件：流速 1 mL/min，检测波长 220 nm，甲醇（流动相 B）-水（流动相 A）（85∶15），上样量 15 μL，保留时间约 7.5 min。以面积为纵坐标、浓度为横坐标，得到回归方程。

6.2.4 咪鲜胺在 T 优 272 叶片中的残留检测

随机选取经过 30.5% 吡·咪浸种型悬浮种衣剂处理后的 T 优 272 水稻种子及空白对照水稻种子 300 粒，3 次重复，每个重复 100 粒，浸种催芽后，置于恒温培养箱 28 °C 下培养。分别在 1 d、2 d、4 d、6 d、8 d、11 d、18 d、22 d 时取样 0.05 g，加入 20 mL 二氯甲烷，25 °C、120 r/min 振荡 12 h，然后静置 2 h，抽滤，取滤液，过无水硫酸钠和脱脂棉，40 °C 减压旋转蒸至近干，加入 2 mL 甲醇，定容至 2 mL，超声溶解 5 min，经 0.45 μm 有机滤膜过滤。

HPLC 检测条件：流速 1 mL/min，检测波长 220 nm，甲醇（流动相 B）-水（流动相 A）（85∶15），上样量 15 μL，保留时间约 7.5 min。

6.3 试验结果

6.3.1 吡虫啉标准曲线

根据 6.2.1 方法得到吡虫啉标准曲线回归方程：$y = 4045.3x - 2000.2$，$R^2 = 0.9999$，此标准曲线呈良好的线性关系（图 6.1）。吡虫啉标准样品的 HPLC 图谱见图 6.2。

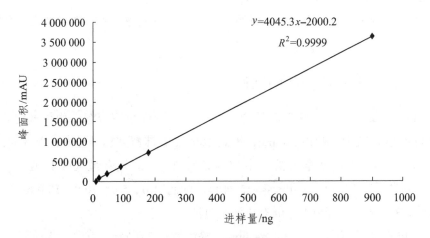

图 6.1 吡虫啉标准曲线

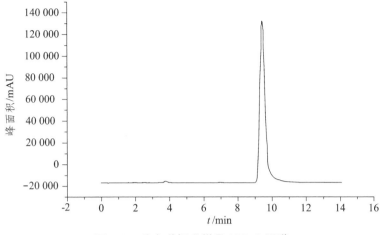

图 6.2　吡虫啉标准样品 HPLC 图谱

6.3.2　叶片中吡虫啉的检测结果

吡虫啉在隆两优华占叶片中残留检测结果（表 6.1），在秧苗 10 d 时，吡虫啉在叶片中含量达到 75.13 mg/kg，说明秧苗通过胚或者根从种子颖壳上吸收了吡虫啉，具有较好的抗虫效果；在 25 d，检测到秧苗内的吡虫啉只有 4.33 mg/kg，叶片内吡虫啉含量减少，已经基本不具备抗虫效果，种衣剂的吡虫啉作用效果仅仅局限于苗期，移栽后无效。

表 6.1　吡虫啉的残留动态

秧苗天数/d	10 d	25 d
y/mAU	271530	13794
x/ng	67.62	3.90
残留量/（mg/kg）	75.13	4.33

注：残留量（mg/kg）=（$V_1 \cdot x$）/（$V_2 \cdot m_0$）
　　x——回归方程中，响应值对应的 x 值；
　　V_1——研磨定容的体积；
　　V_2——进样的体积；
　　m_0——称取叶片的质量。

6.3.3　咪鲜胺标准曲线

根据 6.2.3 方法得到咪鲜胺标准曲线回归方程：$y = 3392.5x + 19\,309$，$R^2 =$

0.999 3，此标准曲线呈良好的线性关系（图 6.3）。

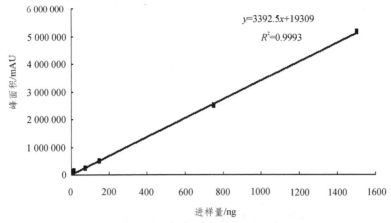

$$y=3392.5x+19309$$
$$R^2=0.9993$$

图 6.3　咪鲜胺标准曲线

6.3.4　叶片中咪鲜胺的检测结果

咪鲜胺在 T 优 272 叶片中的检出结果可看出（表 6.2），水稻秧苗在开始的 4 d 内，并没有检测到咪鲜胺，可能原因是秧苗在生长初期，根部或者胚吸收的咪鲜胺还未转移到叶片中；6 d 可以检测到咪鲜胺的存在，但是含量不高，仅为 1.17 mg/kg，在之后几天逐渐增加，说明种衣剂中的咪鲜胺存在缓慢释放的现象。在 18 d 测得的咪鲜胺达到峰值，为 261.25 mg/kg，随后逐渐减少，22 d 咪鲜胺的检出值仅为 9.71 mg/kg，说明咪鲜胺成分在叶片中能够保留 22 d 左右，移栽后种衣剂中的咪鲜胺成分基本分解。

表 6.2　咪鲜胺在叶片中的残留动态

秧苗天数/d	1	2	4	6	8	11	18	22
y/mAU	0	9781	15 428	20 785	25 889.33	40 336.33	35 1655.8	31 667.5
x/ng	—	—	—	0.44	1.94	6.20	97.97	3.64
残留量/（mg/kg）	—	—	—	1.17	5.17	16.53	261.25	9.71

注：残留量（mg/kg）=（$V_0 \cdot x$）/（$V_1 \cdot m_0$）
　　x：回归方程中，响应值对应的 x 值；
　　V_0：研磨定容的体积；
　　V_1：进样的体积；
　　m_0：称取叶片的质量。

6.4　小　结

我们的研究表明,吡虫啉采用种衣剂包衣后，在叶片中的残留在 10 d 时达到 75.13 mg/kg，在 25 d 时已经含量很低，而前人采取直接在田间施用吡虫啉可湿性粉剂，该农药在水稻秸秆中半衰期 4.9 d。咪鲜胺在叶片中的残留在 18 d 达到峰值。而前人采用直接施用咪鲜胺乳油剂，半衰期仅为 3.9 d。因此，采用包衣的方法，农药的药效作用时间明显延长，两种农药均能在整个苗期收到较好的效果。采用种子包衣技术有效地减少了农药的使用量，并能提高农药的使用效果。

7 不同水稻种衣剂对水稻苗期抗氧化酶系统的影响

包裹于种子外的种衣剂被水稻种子的根系或者种胚吸收，对水稻苗期和后期的生长产生一定的影响。由于水稻种衣剂内含农药成分，水稻受到农药或者其他化学物质胁迫后，其生理生化指标会受到一定影响。目前，关于种衣剂对水稻苗期影响机制的公开研究报道很少。因此，我们选用湖南亚华种子有限公司使用量大的 4 种种衣剂包衣杂交水稻深两优 5814 种子进行试验，探讨种衣剂对水稻苗期抗氧化酶活性、MDA 含量和 GSH 的含量等指标的影响，为安全高效地利用水稻种衣剂提供理论依据。

7.1 材料与方法

7.1.1 试验材料

本试验所用供试水稻品种为中稻深两优 5814，由湖南亚华种子有限公司提供；供试药剂：2.5% 吡·咪、3% 恶·咪由北农（海利）涿州种衣剂有限公司提供；锐胜、适乐时由先正达投资有限公司提供；氯化硝基氮蓝四唑（NBT）和 GSH 为 Sigma 产品，其他试剂均为国产分析纯。

7.1.2 试验方法

7.1.2.1 种子包衣

将 4 种种衣剂与水稻按药种比 1 : 50 包衣，采用手工包衣的方式，以清水处理为对照，各种衣剂的有效成分及用量见表 7.1。为使包衣均匀，包衣时可适量兑水，充分拌匀后晾干 1 d 后备用。

表 7.1 试验设计

药剂名称	有效成分	制剂使用量/（mL/1 kg 种子）
2.5% 吡·咪	2% 吡虫啉 + 0.5% 咪鲜胺	2
3% 恶·咪	2.5% 恶霉灵 + 0.5% 咪鲜胺	2
锐胜	30% 噻虫嗪	2
适乐时	2.5% 咯菌腈	2
CK	清水	—

7.1.2.2 种子播种

将包衣过后的种子和对照组种子按常规方式浸种、催芽，当芽长出和种子相同的长度后，将发芽种子播种在栽培盆中，5 个处理，每个处理 3 次重复，共 15 盆，每个重复播种 50 g 种子，试验过程中保证各处理的水肥、温度、湿度和光照等生长条件一致。

7.1.2.3 测定样本取样

播种后第 14 d 开始取样，每隔 4 d 取样 1 次。每个处理取样 6~8 叶，取叶龄一致的叶片，将每个重复的叶片剪碎混合，备用。

7.1.2.4 超氧化物歧化酶（SOD）活性测定

超氧化物歧化酶（SOD）活性测定按照 Ruan 等的方法稍加修改，所有的反应溶液均用 pH 7.8 磷酸缓冲液配制。取 0.1 g 水稻叶片加入 1 mL 100 mmol/L 的 pH 7.8 磷酸缓冲液研磨，然后于 10 000 r/min 冷冻离心 10 min，取上清液；在称量瓶中分别加入 15.2 mmol/L L-甲硫氨酸 2.4 mL、0.733 mmol/L NBT 0.25 mL、1.95 mmol/L 核黄素 0.15 mL、pH 7.8 磷酸缓冲液 0.1 mL 和上清液（酶液）0.1 mL，对照组加 0.1 mL 磷酸缓冲液代替酶液，在光照强度 3000 Lx 条件下光照 10 min，于 560 nm 波长下测量吸光值。

SOD 活性按如下公式计算：

$$\text{SOD 活性} = \frac{(A_{CK} - A_E) \times V}{A_{CK} \times 0.5 \times W \times V_t}$$

式中　A_{CK} ——对照组的光吸收值；

A_E ——样品管的光吸收值；

V ——样品溶液的总体积；

V_t ——测定时样品的用量；

W ——样本的鲜重。

7.1.2.5　叶片过氧化物酶（POD）活性测定

叶片过氧化物酶（POD）活性测定按照 Kochba 等的方法。取 0.1 g 水稻叶片加入 1 mL 100 mmol/L 的 pH 7.8 的磷酸缓冲液研磨，然后 10 000 r/min 冷冻离心 10 min，取上清液；在玻璃比色皿中分别加入 pH 7.8 的磷酸缓冲液 3 mL、40 mmol/L 过氧化氢 0.1 mL、20 mmol/L 愈创木酚 0.1 mL 和上清液（酶液）0.01 mL，迅速倒置一次，测量 470 nm 下 30 s 内起始和结束后的吸光度。

POD 活性按如下公式计算：

$$SOD活性 = \frac{(A_{470结束} - A_{470开始})}{0.5} \times 稀释倍数$$

式中　$A_{470\,结束}$ ——反应 30 s 结束时的吸光值；

$A_{470\,开始}$ ——开始计时时的吸光值。

7.1.2.6　叶片过氧化氢酶（CAT）活性测定

叶片过氧化氢酶（CAT）活性测定按照张龙翔等的方法。取 0.1 g 水稻叶片加入 1 mL 100 mmol/L 的 pH 为 7.8 的磷酸缓冲液研磨，然后 10 000 r/min 冷冻离心 10 min，取上清液；在石英比色皿中分别加入 pH 7.8 的磷酸缓冲液 1.9 mL、40 mmol/L 过氧化氢 1 mL 和上清液（酶液）0.1 mL，在 240 nm 下测 30 s 内吸光度的变化值。

CAT 活性按如下公式计算：

$$CAT活性 = \frac{A_{240开始} - A_{240结束}}{摩尔消光系数} \times 稀释倍数$$

式中　$A_{240开始}$ ——开始计时时的吸光值；

$A_{240结束}$ ——30 s 结束后的吸光值；

摩尔吸光系数取 39.4 L/mol。

7.1.2.7 叶片谷胱甘肽（GSH）含量测定

叶片谷胱甘肽（GSH）含量测定按照张承圭等的方法。取水稻叶片 0.1 g 加入 5% 三氯乙酸 2 mL 研磨，11 000 r/min 离心 10 min，取上清液；在比色皿中分别加入上清液 0.5 mL、蒸馏水 0.5 mL、pH 7.7 的磷酸缓冲液 2 mL、1 mmol/L DTNB 0.2 mL；用 pH 6.8 的磷酸缓冲液代替 DTNB 调零，在 412 nm 下测定吸光度。

标准曲线：$y = 0.016\ 2x + 0.000\ 4$（$R^2 = 0.999\ 9$）

GSH 含量(μg/mL) = 计算值 × 稀释倍数

7.1.2.8 叶片丙二醛（MDA）含量测定

叶片丙二醛（MDA）含量的测定按照邹崎的方法，采用硫代巴比妥酸法。取水稻叶片 0.1 g，加入 10% 三氯乙酸 2 mL 研磨，4000 r/min 条件下离心 10 min，取上清液备用；取上清液 1.5 mL，加入 0.6% 硫代巴比妥酸 1.5 mL，于沸水浴上反应 15 min,迅速冷却后 4000 r/min 离心 5 min；取上清液于 532 nm 和 450 nm 波长下测定吸光值。

MDA 含量(μ mol/g) = ($6.45 \times A_{532} - 0.45 \times A_{450}$) × 稀释倍数

7.1.2.9 数据处理

所有实验数据的差异显著性分析采用 SPSS 13.0（LSD 法），用小写字母标注（$P < 0.05$）。

7.2 试验结果

7.2.1 不同种衣剂对水稻苗期叶片抗氧化酶活性的影响

SOD 通过参与超氧自由基的反应清除超氧自由基，保护生物机体。试验结果表明，播种后第 14 d，2.5% 吡·咪和锐胜处理组叶片 SOD 活性要明显高于对照组（图 7.1），其中以 2.5% 吡·咪处理组最为明显，SOD 活性为对照的 242.71%，说明短时间内 2.5% 吡·咪和锐胜均能激活水稻幼苗的 SOD 活性。播种后第 18 d，2.5% 吡·咪和锐胜处理组叶片 SOD 活性低于对照组。播种后第 22 d，除了锐胜处理组叶片 SOD 活性低于对照组外，其他均与对照组无显著性差异。播种后第 26 d，锐胜和适乐时处理组叶片 SOD 活性明显高于对照组，种衣剂对水稻叶片 SOD 有激活作用，而且不同种衣剂、不同处理时间所导致的激活作用有所不同。

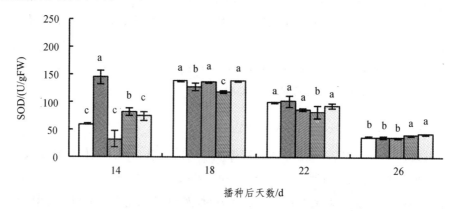

图 7.1　不同种衣剂对水稻幼苗 SOD 活性的影响

POD 与 CAT 能清除植物代谢产生的 R_2O_2 与 H_2O_2，防止植物细胞膜质过氧化。由图 7.2 可知，播种后第 14 d，3% 恶·咪处理组叶片的 POD 活性明显高于对照组，高于对照组的 293.1%，而其他处理组与对照组无显著性差异。说明 3% 恶·咪种衣剂能够激活水稻叶片 POD 活性，有利于保护植物的过氧化。但随着处理时间的延长，3% 恶·咪对幼苗的激活作用呈下降趋势。而其他 3 种种衣剂的处理组在播种后第 14 d 对幼苗 POD 活性激活作用较小，随着处理时间的延长，呈现先增大后减弱的趋势，其中以锐胜的激活作用下降的最快，说明种衣剂对 POD 活性有激活作用，但随着处理时间延长，激活作用减弱，推测可能是药剂的释放或者药效消失。

由图 7.3 可知，播种后第 14 d 和第 18 d，各处理组叶片的 CAT 活性与对照组无显著性差异，但到播种后第 22 d 时，2.5% 吡·咪和 3% 恶·咪处理组叶片的 CAT 活性显著高于对照组；到第 26 d 时，锐胜和适乐时处理组叶片的 CAT 活性也要显著高于对照组，而其他种衣剂与对照组无显著性差异。种衣剂对 CAT 具有激活作用，不同的处理时间下各种衣剂表现出不同的激活效果。

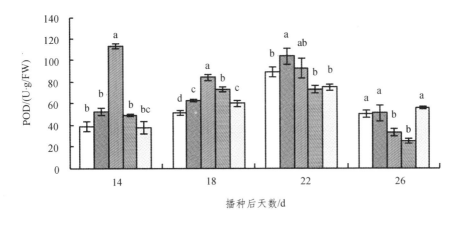

图 7.2　不同种衣剂对水稻幼苗 SOD 活性的影响

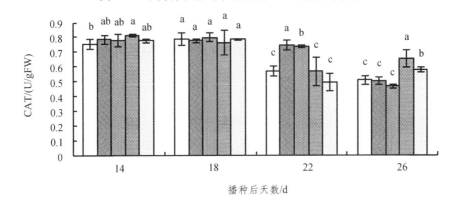

图 7.3　不同种衣剂对水稻幼苗 CAT 活性的影响

7.2.2　不同种衣剂对水稻苗期叶片 MDA 含量的影响

　　MDA 反映细胞受胁迫的程度,其含量越高,受到的胁迫程度越大。由图 7.4 可知,播种后第 14 d,2.5% 吡·咪和适乐时处理组 MDA 含量明显高于对照,而其他种衣剂却显著低于对照组,说明 2.5% 吡·咪和适乐时处理组此时对水稻叶片产生了一定的胁迫。播种后第 22 d,2.5% 吡·咪和 3% 恶·咪处理组叶片的 MDA 含量分别到达了对照的 165.93% 和 166.51%,说明此时 2.5% 吡·咪和 3% 恶·咪对叶片的膜脂过氧化伤害最为严重。但在播种后第 26 d,4 种种衣剂处理组叶片的 MDA 含量与对照比较均没有显著差异，推测可能随时间的推移，种衣剂药效逐渐消失，水稻幼苗进行自我修复。

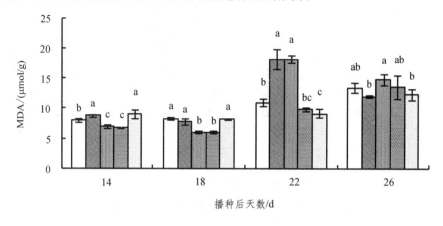

图 7.4　不同种衣剂对水稻幼苗 MDA 含量的影响

7.2.3　不同种衣剂对水稻苗期叶片 GSH 含量的影响

GSH 是一种抗氧化剂，能清除活性氧物质，减少氧化胁迫，是生物体内的解毒剂。由图 7.5 可知，整个苗期以 3% 恶·咪处理组叶片内的 GSH 含量最高，其次是 2.5% 吡·咪和锐胜，适乐时处理组在整个苗期叶片 GSH 含量基本与对

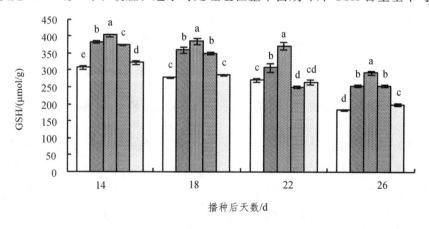

图 7.5　不同种衣剂对水稻幼苗 GSH 含量的影响

照组无显著性差异，推测 3% 恶·咪、2.5% 吡·咪和锐胜能够激活幼苗对 GSH 的合成，也可能是此时叶片内的活性氧物质较多，胁迫激发了 GSH 的表达。在整个苗期各处理组叶片 GSH 含量随着处理的延长，呈现下降的趋势，说明药剂含量在慢慢减少，胁迫在变弱。实验结果表明，水稻受到种衣剂的药剂刺激后，能激活幼苗 GSH 的合成，从而对外界的胁迫有解毒效果。

7.3　小　结

植物的抗氧化酶在防止植物细胞膜脂过氧化的过程中，起着决定性的作用。熊元福等和刘西莉等的实验表明，种衣剂能明显地提高水稻幼苗 SOD、POD、CAT 活性。我们的试验结果表明，种衣剂能够激活 SOD、POD、CAT 的活性，随着播种时间延长，激活作用减弱，而且不同种衣剂对抗氧化酶的激活作用是不同的。

活性氧动态平衡被打破会造成膜脂的过氧化，致使 MDA 含量升高。MDA 是膜脂过氧化的重要指标。王昌全等用 Cd 胁迫杂交水稻叶片，水稻叶片受到 Cd 胁迫后，叶片内的 MDA 含量随着处理时间延长而增加。我们的研究表明，试验处理 22 d 后，2.5% 吡·咪和 3% 恶·咪处理组叶片的 MDA 含量明显高于对照组，此时叶片的膜脂过氧化伤害最为严重，4 种种衣剂对水稻叶片均能产生胁迫，使得 MDA 含量增加。

GSH 是生物体内重要的抗氧化剂，可通过其自身的氧化清除 AOS，可作为解毒作用的一个重要指标。胡延玲等用镉胁迫水稻，发现随着镉浓度的增加，GSH 含量不断增加。我们的试验结果表明，3% 恶·咪、2.5% 吡·咪和锐胜种衣剂能够激活幼苗对 GSH 的合成，水稻叶片的 GSH 的含量升高。水稻受到种衣剂的药剂刺激后，激活幼苗 GSH 的合成，从而对外界的胁迫有解毒效果。但在植物体中，也存在受到胁迫，GSH 下降的现象，如谢荣等用丙溴磷处理海洋海藻，发现在丙溴磷的胁迫下，胁迫强度越大，GSH 含量越低；胁迫时间越长，GSH 含量越低，可能是由于不同的植物对胁迫的反应机制不一样。

8 不同种衣剂对水稻苗期叶绿素含量的影响

叶绿素作为植物光合作用的重要色素，可作为光合能力的一个重要指标，也是衡量植物生理状况是否正常的重要指标之一。种衣剂中含有营养成分和农药，我们以中稻深两优 5814 为试验材料，探讨包衣种衣剂后水稻幼苗的叶绿素含量变化，以期为水稻种衣剂的合理应用提供理论依据。

8.1 材料与方法

8.1.1 试验材料

供试水稻品种为中稻深两优 5814，由湖南亚华种子有限公司提供；

供试药剂：2.5% 吡·咪、3% 恶·咪由北农（海利）涿州种衣剂有限公司提供；锐胜、适乐时由先正达投资有限公司提供，其他试剂均为国产分析纯。

8.1.2 试验方法

8.1.2.1 种子包衣与播种

同 7.1.2.1 与 7.1.2.2。

8.1.2.2 取样与测定

播种后第 14 d 开始取样，每隔 4 d 取样 1 次，置于超低温冰箱中贮存备用。

叶片叶绿素含量测定：取水稻叶片 0.1 g，加入 80% 丙酮 5 mL 研磨，5000 g 离心 5 min，取上清液备用；在玻璃比色皿中分别加入 80% 丙酮 2 mL、上清液 1 mL，分别在 663 nm 和 645 nm 下测定吸光度。

叶绿素 a、叶绿素 b 和总叶绿素含量按如下公式计算：

叶绿素 a 含量(mg/L) = (12.7A_{663} − 2.69A_{645}) × 稀释倍数

叶绿素 b 含量(mg/L) = (22.9A_{645} − 4.68A_{663}) × 稀释倍数

总叶绿素含量(mg/L) = 叶绿素 a 含量(mg/L) + 叶绿素含量 b(mg/L)

8.1.2.3　数据处理

实验数据的差异显著性分析采用 SPSS 13.0（*LSD* 法），用小写字母标注（*P* < 0.05 ）。

8.2　试验结果

由图 8.1 可知，从播种后第 14 d～22 d，各处理组叶片的叶绿素 a、叶绿素 b 与总叶绿素含量均显著低于对照组，说明种衣剂处理水稻种子后，抑制了叶绿素的合成。其中，以播种后第 14 d 下降得最多，此时种衣剂内的药剂含量高，抑制作用最强。随着处理时间的延长，到播种后第 26 d，叶片中叶绿素 a、叶绿素 b 与总叶绿素含量与对照组相比差距缩小。推测随时间的延长，药剂释放，药剂含量减少，秧苗受的药剂胁迫得到一定的缓解，秧苗恢复了叶绿素的合成。

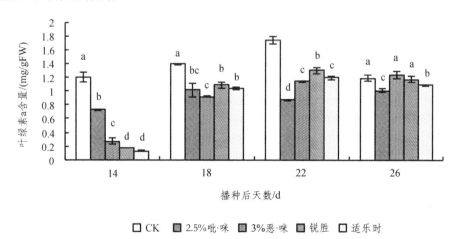

（a）叶绿素 a

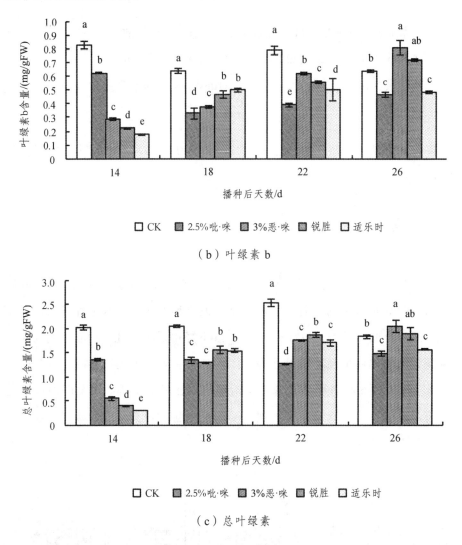

（b）叶绿素 b

（c）总叶绿素

图 8.1　不同种衣剂对水稻幼苗叶绿素含量的影响

8.3　小　结

叶绿素作为植物光合作用的重要色素，可作为植物光合能力的一个重要指标。刘怀珍等用 4 种种衣剂包衣水稻种子，研究发现 4 种种衣剂均能提高水稻叶片内叶绿素干重、鲜重的含量；王宏燕等用生物种衣剂对大豆进行包衣实验发现，生物种衣剂能提高大豆叶片的叶绿素含量，提高光合利用率。而我们的研究结果表明，在处理后第 14 d，种衣剂降低了叶绿素含量，但随着处理时间延长，叶绿素含量恢复正常水平，可能是叶片的自我修复造成的。我们的试验结果与前人的试验结果不一致，可能是由于生物种衣剂与浸种型悬浮种衣剂内的主要成分不一致。本试验供试的种衣剂主要成分是防治病虫害的农药，前人也有研究表明农药会造成叶绿素的合成能力下降，这与我们在试验中发现种衣剂造成的影响是一致的。

9 不同种衣剂对水稻叶片叶绿素荧光参数的影响

植物受到除草剂或者其他化学物质胁迫后，其叶绿素荧光特性会受到一定的影响。目前，种衣剂对水稻叶片叶绿素荧光参数影响的研究报道较少。水稻种子经种衣剂包衣处理后，会对水稻秧苗苗期叶片的比活性参数 ABS/CS_M 值、热耗散 DI_O/CS_M 值产生一定的影响；但是水稻种子经不同种类种衣剂包衣处理后，对水稻苗期以及移栽后叶片的最大光化学效率（Φ_{Po}）、反应中心的开放程度（ψ_o）、单位叶面积吸收的光能（ABS/CS_M）以及单位叶面积热耗散（DI_O/CS_M）等叶绿素荧光参数是否有影响，还有待进一步试验的研究。因此，本试验选取湖南亚华种子有限公司提供的隆两优华占和 T 优 272 水稻种子进行试验，对种衣剂对水稻叶片叶绿素荧光参数的影响进一步进行研究，为安全推广种衣剂应用于水稻种子提供理论依据。

9.1 材料与方法

9.1.1 试验材料及仪器设备

试验材料：隆两优华占、T 优 272 水稻品种，由湖南亚华种子有限公司提供。

主要仪器：Yaxin-1161G PEA 叶绿素荧光仪、Yaxin-1161G PEA 数据传输与分析软件（北京雅欣理仪科技有限公司）。

9.1.2 试验方法

在隆两优华占和 T 优 272 的苗期 10 d、25 d 及移栽后 10 d、25 d，每个小区选取叶龄一致的水稻叶片，用叶片夹夹住叶片，暗处理 30 min 后用 Yaxin-1161G PEA 叶绿素荧光仪测定最大光化学效率（Φ_{P_0}）、活性反应中心的开放程度（ψ_0）、单位叶面积吸收的光能（ABS/CS_M）和单位叶面积热耗散（DI_0/CS_M）。每个小区测定 3 次，每次测定选取同一叶片。

9.1.3　数据处理

实验数据的差异显著性分析采用 SPSS 13.0（LSD 法），用小写字母标注（$P < 0.05$）。

9.2　试验结果

9.2.1　不同种衣剂对隆两优华占水稻叶片叶绿素荧光参数的影响

Φ_{P_0} 表示最大光化学效率，相当于调制式荧光仪的 F_v/F_m 值。随着叶片的衰老，Φ_{P_0} 值逐渐降低，叶片受到的胁迫程度越高，Φ_{P_0} 值越低。从图 9.1 中可知，在调查的 4 个时期，各处理组叶片的 Φ_{P_0} 值与对照相比无显著差异，说明这 6 种种衣剂内的药剂成分对水稻叶片光合作用没有产生明显的胁迫，没有影响水稻的最大光化学效率 Φ_{P_0}。

ψ_0 值表示反应中心的开放程度，相当于调制式荧光仪的 q_P 值，其值越大，开放程度越大，光合强度越强，反映的是植物光合活性的高低。从图 9.2 可知，在苗 10 d、苗 25 d 以及移 10 d 中，各个处理与对照相比无显著差异，但在移 25 d 中，23.0% 噻·恶·咪处理组显著高于对照。说明 23.0% 噻·恶·咪提高了反应中心的开放程度，增加了光合强度。但在苗 10 d 中，23.0% 噻·恶·咪处理组显著低于亮盾，相比亮盾处理，23.0% 噻·恶·咪降低了反应中心的开放程度，降低了光合强度。

ABS/CS_M 表示单位叶面积吸收的光能。从图 9.3 中可以看出，在调查的 4 个时期，各处理组叶片的 ABS/CS_M 值与对照相比无显著差异，说明这 6 种种衣剂对水稻叶片单位面积内光能的吸收基本没有影响。在苗 10 d，23.0% 噻·恶·咪处理组的 ABS/CS_M 值显著高于锐胜和适乐时，在苗 25 d，23.0% 噻·恶·咪处

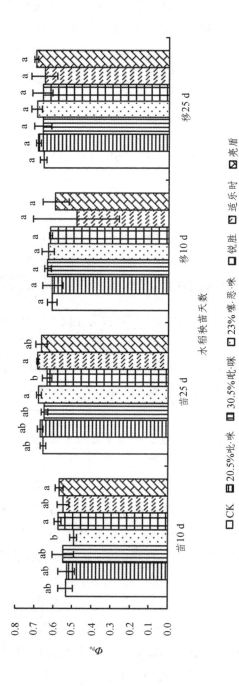

图 9.1 不同种衣剂对 Φ_{Po} 值的影响

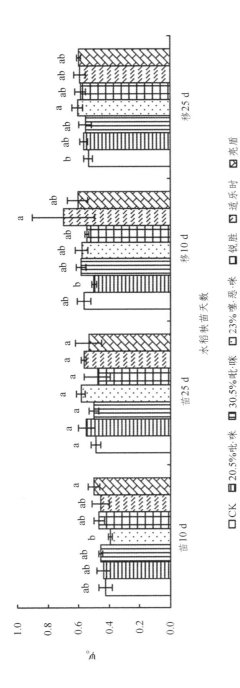

图 9.2　不同种衣剂对 ψ_0 值的影响

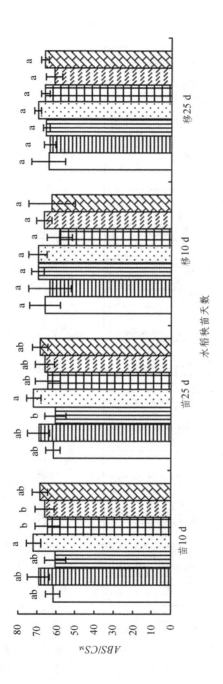

图 9.3　不同种衣剂对 ABS/CS_M 值的影响

理组的 ABS/CS_M 值显著高于 30.5% 吡·咪，说明 23.0% 噻·恶·咪相比于后 3 种种衣剂，增加了单位面积叶片对光能的吸收。但在移栽后，各个处理之间无显著差异。

DI_O/CS_M 表示单位叶面积热耗散。从图 9.4 中可以看出，在调查的 4 个时期，各处理组叶片的 DI_O/CS_M 值与对照相比无显著差异，说明这 6 种种衣剂并没有对叶片产生胁迫，促进过剩的激发能转化成了除热能以外的其他能量。在苗 10 d，23.0% 噻·恶·咪处理组的 DI_O/CSM 值显著高于锐胜、适乐时和亮盾，说明叶片受到了胁迫，激发叶片内过剩的能量转化成热能散发出去，增大了单位叶片面积的热耗散。

9.2.2　不同种衣剂对 T 优 272 水稻叶片叶绿素荧光参数的影响

从图 9.5 可看出，在调查的 4 个时期，各处理组叶片的 Φ_{Po} 值与对照相比无显著差异，说明这 6 种种衣剂内的药剂成分没有对水稻叶片产生明显的胁迫，没有影响水稻的最大光化学效率 Φ_{Po}。

从图 9.6 可知，在苗 10 d 和 20 d，各个处理与对照相比无显著差异，与隆两优华占试验中的表现一致。但移 10 d 中，20.5% 吡·咪处理组 ψ_o 值显著低于对照，在移 20 d 中，30.5% 吡·咪处理组 ψ_o 值显著低于对照，说明 20.5% 吡·咪与 30.5% 吡·咪降低了反应中心的开放程度，从而降低了光合强度。

从图 9.7 中可看出，在苗 10 d、20 d 和栽 10 d 3 个时期，各处理组叶片的 ABS/CS_M 值与对照相比无显著差异，说明这 6 种种衣剂对水稻叶片单位面积内光能的吸收基本没有影响。在移 20 d，亮盾处理组的 ABS/CS_M 值显著高于对照，说明亮盾处理促进了叶片对光能的吸收，有增大单位叶面积对光能的吸收的效果。

从图 9.8 中可看出，在调查的 4 个时期，各处理组叶片的 DI_O/CS_M 值与对照相比无显著差异，说明这 6 种种衣剂并没有对叶片产生胁迫，促进过剩的激发能转化成了除热能以外的其他能量。在苗 20 d，亮盾处理组的 DI_O/CS_M 值显著高于 30.5% 吡·咪，说明亮盾对叶片造成的胁迫大于 30.5% 吡·咪，激发叶片内过剩的能量转化成热能散发出去。在移 20 d，30.5% 吡·咪处理组的 DI_O/CS_M 值显著高于适乐时，说明 30.5% 吡·咪处理的叶片受到的胁迫高于适乐时，激发叶片内过剩的能量转化成热能散发出去，增大了单位叶片面积的热耗散。

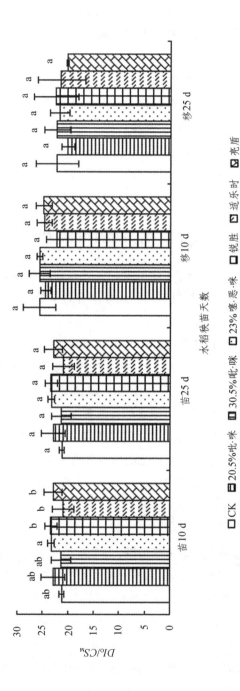

图 9.4 不同种衣剂对 DI_0/CS_M 值的影响

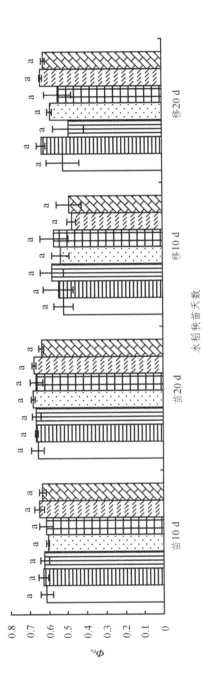

图 9.5　不同种衣剂对 Φ_{Po} 值的影响

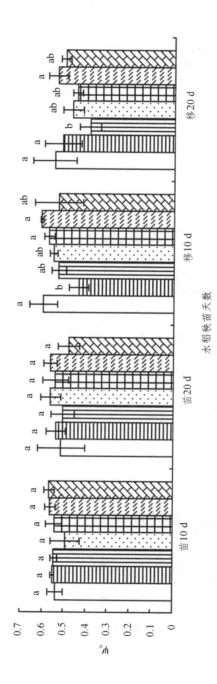

图 9.6 不同种衣剂对 ψ_0 值的影响

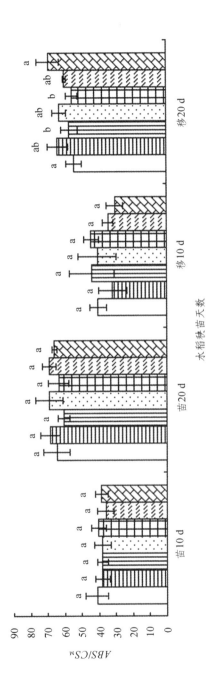

图 9.7　不同种衣剂对 ABS/CS_M 值的影响

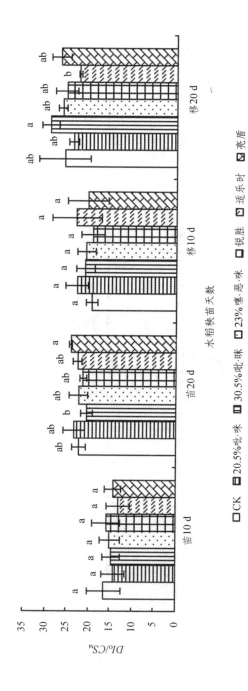

图 9.8 不同种衣剂对 DI_O/CS_M 值的影响

9.3　小　结

9.3.1　不同种衣剂对隆两优华占水稻叶片叶绿素荧光参数的影响

　　各种衣剂内药剂成分并没有对水稻叶片产生明显胁迫，从而没有影响水稻幼苗的最大光化学效率 Φ_{P_0} 和反应中心的开放程度 ψ_0 值，23.0% 噻·恶·咪提高了 ABS/CS_M 值，同时也增加了热耗散 DI_O/CS_M 值，推测可能 23.0% 噻·恶·咪增大了水稻叶片反应中心的开放程度，增大了光合强度，但是能量以热量的方式释放。

9.3.2　不同种衣剂对 T 优 272 水稻叶片叶绿素荧光参数的影响

　　各种衣剂内药剂成分同样并没有对水稻叶片产生明显胁迫，没有影响水稻幼苗的最大光化学效率 Φ_{P_0} 和反应中心的开放程度 ψ_0 值，相比 30.5% 吡·咪而言，亮盾在提高 ABS/CS_M 值的同时也增加了热耗散 DI_O/CS_M 值。

10 主要结论

（1）锐胜+适乐时、10.5%吡·咪、2.5%噻·咪、10.5%噻·咪和15.5%吡·咪对深两优5814种子的发芽率促进效果较好，其他种衣剂对种子的发芽率没有显著影响；15.5%的吡·咪、多·福、2.5%吡·咪、拌种剂和2.5%噻·咪对丰源优272种子的发芽率促进效果较好，其他种衣剂对丰源优272种子的发芽率没有明显影响。各种衣剂对深两优5814的成秧率无显著影响。2.5%吡·咪、15.5%噻·咪、多·福种衣剂对丰源优272的成秧率有降低作用，拌种剂和锐胜种衣剂能显著地提高丰源优272的成秧率。

20.5%吡·咪、30.5%吡·咪、23%噻·恶·咪、锐胜、适乐时和亮盾不影响T优272的发芽率，但适乐时降低了隆两优华占的发芽率。隆两优华占、T优272水稻种子包衣后，20.5%吡·咪、23.0%噻·恶·咪、适乐时、亮盾种衣剂显著降低成秧率。种衣剂处理后的水稻种子成秧率明显降低。

含有裂颖种子的水稻种子包衣后，发芽率和成秧率有所下降。

（2）20.5%吡·咪、30.5%吡·咪、23%噻·恶·咪、锐胜、适乐时和亮盾包衣后不影响隆两优华占和T优272水稻种子的吸水速度。

（3）锐胜、拌种剂、锐胜+适乐时、2.5%噻·咪种衣剂在影响深两优5814和丰源优272秧苗素质上作用效果最好，2.5%吡·咪、3%恶·咪、多·福种衣剂效果最差。

（4）种衣剂对水稻内在产量性状无显著影响，不能明显提升理论产量。

（5）拌种剂、锐胜+适乐时、15.5%吡·咪、2.5%噻·咪、10.5%吡·咪、锐胜和2.5%吡·咪种衣剂能较好地提高深两优5814和丰源优272对稻蓟马的防治效果，3%恶·咪、多·福、适乐时的防治效果较差。对于隆两优华占和T优272，20.5%吡·咪、30.5%吡·咪、23.0%噻·恶·咪、锐胜种衣剂防治稻蓟马效果高于适乐时和亮盾，30.5%吡·咪种衣剂对黑条矮缩病防治效果较好。

（6）种衣剂能提高水稻幼苗的抗氧化酶系的活性。

（7）种衣剂内药剂成分对水稻幼苗的叶绿素荧光参数没有明显影响，种衣剂对水稻幼苗没有产生明显的胁迫。

（8）种衣剂残留检测表明，种衣剂有效成分作用的有效时间段为苗期。

参考文献

[1] 成和平，陈小华，陈同明. 杂交水稻 T 优 272 春制优质高产技术[J]. 杂交水稻，2011，26（2）：25-26.

[2] 程书苗，吴刚，雷朝亮，等. 几种常用水稻种衣剂的应用效果对比试验[C]. 华中昆虫研究（第十卷），华中三省昆虫学会第十次学术交流会，中国河南，2014：46-53.

[3] 丹麦兴百利联合谷物有限公司. 水稻种子成套加工设备[EB/OL]. http://www. doc88.com/p-183744956316.html.

[4] 邓明放. 杂交水稻丰源优 272 春季制种高产技术[J]. 种子科技，2008（3）：57-58

[5] 冯绪猛，罗时石，胡建伟，等. 农药对水稻叶片丙二醛及叶绿素含量的影响[J]. 核农学报，2006，17（6）：481-484.

[6] 付佑胜，赵桂东，刘伟中. 70% 噻虫嗪 WS 对水稻壮苗及稻飞虱的防治效果[J]. 南方农业学报，2012，43（4）：454-457.

[7] 贾虎森，李德全，韩亚琴. 高等植物光合作用的光抑制研究进展[J]. 植物学通报，2000，17（3）：218-224.

[8] 高云英，谭成侠，胡冬松，等. 种衣剂及其发展概况[J]. 现代农药，2012，11（3）：7-10.

[9] 谷登斌，李怀记，牛子敬. 种子包衣技术的发展与应用[J]. 种子科技，2000（2）：95-97.

[10] 顾宏华，周有炎，姚存章，等. 不同种衣剂在水稻生产上的应用效果研究[J]. 现代农业科技，2012（3）：90-91.

[11] 韩丽君，钱传范，江才鑫，等. 咪鲜胺及其代谢物在水稻中的残留检测方法及残留动态[J]. 农药学学报，2005，7（1）：54-58.

[12] 何祖法. 水稻种子不同包衣剂型处理效果初探[J]. 南京农专学报，1999，15（4）：25-28.

[13] 何忠全，何明，吴鸿，等. 水稻种衣剂防治稻瘟病研究[J]. 西南农业大学学报，1993，18（6）：570-573.

[14] 胡延玲，张春华，居婷，等. 镉胁迫下两种水稻 GSH 和 GST 应答差异的研究[J]. 农业环境科学学报，2009，28（2）：305-310.

[15] 胡一鸿，王梦龙，袁盛建，等. 戊二醛胁迫对黑藻光合作用及抗氧化酶活性的影响[J]. 农业环境科学学报，2013，32（6）：1143-1149.

[16] 怀勉. 用除草剂种子处理防除水稻田杂草[M]. 农药译丛，1993，15（4）：7-10.

[17] 黄建，冯耀祖，刘易，等. NaCl 胁迫对蓖麻功能叶光系统 II 荧光特性的影响[J]. 干旱区资源与环境，2015，29（7）：145-149.

[18] 金晨钟. 水稻病虫草害统防统治原理与实践[M]. 成都：西南交通大学出版社，2016.

[19] 李鹏民，高辉远，STRASSER R J. 快速叶绿素荧光诱导动力学分析在光合作用研究中的应用[J]. 植物生理与分子生物学学报，2005，31（6）：559-566.

[20] 李落雁，李涛，商胜东. 水稻种衣剂筛选试验初报[J]. 中国种业，2010（S1）：58-60.

[21] 李锦江，熊远福，熊海蓉，等. 丸化型水稻种衣剂对直播稻秧苗生长及酶活性的影响[J]. 湖南农业大学学报：自然科学版，2006，32（2）：120-123.

[22] 李金玉. 种衣剂良种包衣技术要点[J]. 农药，1999，38（6）：36-38.

[23] 李金玉，刘桂英. 良种包衣新产品——药肥复合型种衣剂[J]. 种子，1990（6）：53-56.

[24] 李金玉，沈其益，刘桂英，等. 中国种衣剂技术进展与展望[J]. 农药，1999，38（4）：1-5.

[25] 廖耀华. 应用水稻种衣剂的试验[J]. 种子世界，2000（9）：21-23.

[26] 刘建敏，董小平. 种子处理科学原理与技术[M]. 北京：中国农业出版社，1993.

[27] 刘国军. 种子包衣技术对水稻发芽率和苗期病害的影响[J]. 种子世界，

2010, 17 (8): 32-34.

[28] 刘怀珍, 黄庆, 陆秀明, 等. 种衣剂对水稻秧苗形态和某些生理特性的影响[J]. 河南农业科学, 2004, (12): 19-21.

[29] 柳训才, 陈平, 程运斌, 等. 油菜体内及土壤中咪鲜胺的残留检测与消解动态[J]. 中国油料作物学报, 2006, 28 (3): 354-357.

[30] 刘怀珍, 黄庆, 陆秀明, 等. 种衣剂对水稻秧苗形态和某些生理特性的影响[J]. 河南农业科学, 2004 (12): 19-21.

[31] 刘西莉, 李健强, 刘鹏飞, 等. 浸种专用型水稻种衣剂对水稻秧苗生长及抗病性相关酶活性的影响[J]. 农药学学报, 2000 (2): 41-46.

[32] 农药登记数据[DB/OL]. http://www.chinapesticide.gov.cn/hysj/index.jhtml.

[33] 沈德隆, 陆培荣, 陈庆悟, 等. 水稻种衣剂的现状及展望[J]. 农药, 2001, 40 (11): 7-8.

[34] 童相兵, 岑汤校, 储芬芳, 等. 优质高产两系杂交稻深两优5814高产栽培技术[J]. 杂交水稻, 2008, 23 (6): 48-49.

[35] 王冰冰, 孙宝启. 我国种衣剂的现状和前景[J]. 作物杂志, 1998 (2): 19-20.

[36] 王昌全, 郭燕梅, 李冰, 等. Cd胁迫对杂交水稻及其亲本叶片丙二醛含量的影响[J]. 生态学报, 2008, 28 (11): 5377-5384.

[37] 王宏燕, 刘书宇, 赵福华. 生物种衣剂对大豆发芽和苗期生长、光合作用及酶活性的影响[J]. 东北农业大学学报, 2002, 33 (2): 111-115.

[38] 王启明, 郑爱珍, 吴诗光. 干旱胁迫对花荚期大豆叶片保护酶活性和膜脂过氧化作用的影响[J]. 安徽农业科学, 2006, 34 (8): 1529-1530.

[39] 王思让. 多功能水稻种衣剂[P]. 中国: 1117343A, 1994.08.12.

[40] 王思让, 李文忠, 龙美云, 等. 安农一号种衣剂在水稻直播田试验初报[C]//中国化工学会农药专业委员会第八届年会论文集. 中国会议, 1996: 462-465.

[41] 王燕, 王春伟, 高洁, 等. 咪鲜胺在人参和土壤中的残留动态及安全性评价[J]. 东北农业大学学报, 2014, 45 (3): 25-30.

[42] 王艳艳, 何付丽, 范丹丹, 等. 嗪草酮对大豆叶片叶绿素荧光特性的影响[J]. 植物保护, 2015, 41 (1): 84-88.

[43] 王珏, 毛晨蕾, 尹晓辉, 等. 咪鲜胺锰盐在田水和土壤中的消解动态[J]. 农

药，2014，53（5）：356-358.

[44] 吴俐勤，吴声敢，刘宇. 高效液相色谱测定吡虫啉的残留研究[J]. 现代科学仪器，2003（1）：52-55.

[45] 魏百裕，楼成栋，楼巧候. 70% 噻虫嗪（锐胜）种子处理可分散剂对水稻秧苗生长和稻蓟马防治的影响[J]. 安徽农学通报，2009，15（23）：114-115.

[46] 温海江，高春光，梁全，等. 丹麦 CIMBRIA HEID CC20 型旋转式种子包衣机简介[J]. 现代化农业，2002（11）：45.

[47] 吴进才，刘井兰，沈迎春，等. 农药对不同水稻品种 SOD 活性的影响[J]. 中国农业科学，2002，35（4）：451-456.

[48] 吴俐勤，吴声敢，刘宇. 高效液相色谱测定吡虫啉的残留研究[J]. 现代科学仪器，2003（1）：52-55.

[49] 吴学忠，申流柱，潘国元. 种衣剂在水稻上的应用效果[J]. 种子，2002，122（3）：74-75.

[50] 伍泽堂. 超氧自由基与叶片衰老时叶绿素破坏的关系[J]. 植物生理学通讯，1991，27（4）：277-279.

[51] 肖晓，王权，张海清. 水稻种衣剂研究进展[J]. 作物研究，2008，22（5）：405-408.

[52] 谢荣，唐学玺，李永祺，等. 丙溴磷对二种海洋微藻的 GPx 活性及 GSH、CAR 含量的影响[J]. 青岛海洋大学学报，2000，30（4）：645-650.

[53] 熊海蓉，邹应斌，熊远福，等. 丸化型水稻种衣剂对直播稻生长及产量的影响[J]. 中国农学通报，2005，21（2）：242-246.

[54] 熊件妹，熊忠华，彭晓风. 不同种衣剂对水稻秧苗素质和苗期病害的影响[J]. 江西植保，2011，34（4）：165-167.

[55] 熊远福，邹应斌，唐启源，等. 种衣剂及其作用机制[J]. 种子，2001（2）：35-37.

[56] 熊远福，邹应斌，文祝友，等. 水稻种衣剂对秧苗生长、酶活性及内源激素的影响[J]. 中国农业科学，2004，37（11）：1611-1615.

[57] 徐红霞，翁晓燕，毛伟华，等. 镉胁迫对水稻光合、叶绿素荧光特性和能量分配的影响[J]. 中国水稻科学，2005，19（4）：338-342.

[58] 徐卯林，张洪熙，黄年生，等. 高吸水种衣剂在水稻旱育抛秧上的应用[J]. 中国水稻科学，1998，12（2）：92-98.

[59] 许秋瑾，金相灿，王兴民，等. 不同浓度铵态氮对镉胁迫轮叶黑藻生长及抗氧化酶系统的影响[J]. 应用生态学报，2007，18（2）：420-424.

[60] 许耀照，曾秀存，郁继华，等. 水杨酸对高温胁迫下黄瓜幼苗叶绿素荧光参数的影响[J]. 西北植物学报，2007，27（2）：267-271.

[61] 杨福孙，孙爱花，王燕丹，等. 生长延缓剂对槟榔苗期叶绿素含量及叶绿素荧光参数的影响[J]. 中国农学通报，2009，25（2）：255-257.

[62] 曾卓华，张颖，张森林，等. 水稻种子包衣剂应用效果研究[J]. 种子，2004，23（7）：28-29.

[63] 张承圭，王传怀，袁玉荪，等. 生物化学仪器分析及技术[M]. 北京：高等教育出版社，1994：96-98.

[64] 张龙翔，张庭芳，李令媛. 生化实验方法技术[M]. 2版. 北京：高等教育出版社，1997：348-351.

[65] 张志良，瞿伟菁，李小方. 植物生理学实验指导[M]. 4版. 北京：高等教育出版社，2009：227-229.

[66] 赵新农，焦骏森，蔡建华，等. 水稻种子药剂包衣对秧田期秧苗素质及病虫害防治效果的影响[J]. 现代农业科技，2013（1）：126-129.

[67] 周本新. 农药新剂型[M]. 北京：化学工业出版社，1997：10-18.

[68] 周琴，吴永凤. 吡虫啉的高效液相色谱法分析[J]. 广州化工，2004（1）：28-29.

[69] 周上游，邹应斌. 作物栽培产品研究的展望[J]. 作物杂志，1994（4）：4-7.

[70] 周宗岳，胡继银，唐宜付. 杂交水稻种子发芽率成秧率较低的原因[J]. 作物研究，1988，2（4）：23-25.

[71] 郑洲，吴涛，蔡厚勇，等.种子包衣对水稻秧苗素质及主要病虫害的影响[J]. 湖北植保，2013，115（1）：27-29.

[72] 朱意昌. 玉林市引进隆两优华占连片种植示范总结[J]. 现代农业科技，2014（10）：65，68.

[73] 邹崎. 植物生理学实验指导[M]. 北京：中国农业出版社，2000：60-63.

[74] BILGER W, BJORKMAN O. Role of the xanthophyll cycle in photoprotection

elucidated by measurements of light-induced absorbance changes, fluorescence and photosynthesis in leaves of *Hedera canariensis* [J]. Photosynthesis Research, 1990, 25(3): 173-185.

[75] GB/T 3543.4—1995，农作物种子检验规程发芽试验[S]. 中国，国家技术监督局，1995.

[76] GB/T 22623—2008，咪鲜胺原药[S]. 中国，国家质量监督检疫总局，2008.

[77] SN/T 1017.8—2004，进口粮谷中吡虫啉残留量检验方法液相色谱法[S]. 国家质量监督检疫总局，2004.

[78] HE J, REN Y, ZHU C, et al. Effect of Cd on growth,photosynthetic gas exchange, and chlorophyll fluorescence of wild and Cd-sensitive mutant rice [J]. Photosynthetica, 2008, 46(3): 466-470.

[79] KOCHBA J, LAVEE S, Spiegel-Roy P. Differences in peroxidase activity and isoenzymes in embryogenic and non-embryogenic 'Shamoutic' orange ovular callus lines[J]. Plant Cell Physiology, 1977, 18 (2): 463-467.

[80] KOUFMAN G. Seed coating: a tool for stand establishment: a stimulus to seed quality [J]. Hort Technology, 1991, 1(1): 98-102.

[81] NOCTOR G, GOMEZ L, VANACKER H, et al. Interactions between biosynthesis compartmentation and transport in the control of glutathione homeostasis and signaling[J]. Journal of Experimental Botany, 2002, 53(372): 1283-1304.

[82] RUAN H, SHEN W, YE M, et al. Protective effects of nitric oxide on salt stress-induced oxidative damage to wheat (*Triticum aestivum* L.) leaves[J]. Chinese Science Bulletin, 2002, 47(8): 677-681.

附　录

附录 A　缩略词表

缩略词	英文全称	中文全称
AOS	activated oxygen species	活性氧类物质
CAT	catalase	过氧化氢酶
Cd	cadmium	镉
DNTB	5, 5'-dithiobis (2-nitrobenzoic acid)	5, 5'-二硫双（2-硝基苯甲酸）
GC	gas chromatography	气相色谱
GC-MS	gas chromatography-mass spectrometer	气相色谱-质谱联用仪
GSH	glutathione	谷胱甘肽
HPLC	high performance liquid chromatography	高效液相色谱
Lx	lux	勒克斯
L-met	L-methionine	L-甲硫氨酸
MDA	malondialdehyde	丙二醛
NBT	nitrotetrazolium blue chloride	氯化硝基四氮唑蓝
PLC	progrmmable logic controller	可编程程序控制器
POD	peroxidase	过氧化物酶
SPE	solid phase extraction	固相萃取
SOD	superoxide dismutase	超氧化物歧化酶

附录 B　Yaxin-1161G PEA 叶绿素荧光仪简介

Yaxin-1161G PEA 叶绿素荧光仪是一款国内近年开发的非调制式便携叶绿素荧光仪，具有体积小、数据采集简便等特点，能够方便用于田间试验中叶绿素荧光参数的数据采集，快速获取快速荧光动力学曲线，其实验结果得到国内外权威期刊如《西北植物学报》、*Journal of Plant Nutrition* 等刊物的认可。

1　基本功能

获取和显示 OJIP 快速荧光动力学曲线（1～10 s）；

测定的基本参数：F_o，F_j，F_i，F_m（F_p）；

显示 F_o，F_j，F_i，F_m（F_p）测量结果；

计算显示 F_v，F_v/F_m 等计算结果；

可将数据传至 PC。

2　主要参数

光源类型：LED 蓝光，波长 470 nm；

光强范围：0～4000 μmol/m^2/s；

光强可调，时间可调；

最快采样速率：5 μs/次；

数据传输：USB2.0。

附录 C　农作物种子检验规程——发芽试验（国家标准水稻种子发芽试验内容节选）

1　发芽床

采用纸或砂作为发芽床，湿润发芽床的水质应纯净、无害无毒，pH 值为 6.0～7.5。

1.1　一般要求

纸具有一定强度、质地好、吸水性强、保水性好、无毒无菌、清洁干净，不含可溶性色或其他化学物质，pH 值为 6.0～7.5。可用滤纸、吸水纸等作为纸床。

砂粒大小均匀，直径 0.05～0.80 mm，无毒无菌无种子，持水力强，pH 值为 6.0～7.5，使用前洗涤和高温消毒。化学药品处理的种子发芽所用的砂子不能重复使用。

1.2　生物毒素测定

将品质不明的发芽床介质与合格介质进行发芽对比试验，依据幼苗根的生长情况进行鉴定。在 5 d 初次计数时或提前观察根部症状，若幼苗的芽鞘扁出现平缩短症状，则表示发芽床介质含有有毒物质。

2　试验程序

2.1　数取试验样品

从充分混合的净种子中，随机数取 400 粒，通常以 100 粒为一次重复。

2.2　选用发芽床

水稻种子发芽试验能采用纸床或砂床培养。

纸床包括纸上（TP）和纸间（BP）。

TP：将种子放在一层或多层纸上，纸可放到培养皿内、光照发芽箱内等。

BP：将种子放到两层纸中间，可用一层纸盖在种子上或作成纸卷。BP 方式直接放到保湿的发芽盘内。

砂床采用砂中（S）的方式，种子播在一层平整的湿砂上，然后加盖 10～20 mm 厚的松散砂。

2.3　培　养

将数取的种子均匀排在湿润的发芽床上，粒与粒之间保持一定的距离。

水分与通气：纸床的纸吸足水分后沥去多余水分即可，砂床则含水量 60%。发芽期间发芽床必须始终保持湿润。

温度：30 ℃。

光照强度：可在光照或黑暗下发芽，但一般采用光照，强度 750 ~ 1250 Lx。

试验持续时间：初次计数，5 d；末次计数，14 d。

2.4　重新试验

当 100 粒种子重复间差距超过表 C.1 最大容许差距时，应采用同样方法重新试验。如果第一次与第二次结果符合表 C.2 的容许差距，则取两次试验的平均数。如不符合，则采用同样方法进行第三次试验，填报合符要求的结果平均数。

表 C.1　同一发芽试验 4 次重复间的最大容许差距（2.5% 显著水平的两尾测定）

平均发芽率		最大容许差距
50% 以上	50% 以下	
99	2	5
98	3	6
97	4	7
96	5	8
95	6	9
93 ~ 94	7 ~ 8	10
91 ~ 92	9 ~ 10	11
89 ~ 90	11 ~ 12	12
87 ~ 88	13 ~ 14	13
84 ~ 86	15 ~ 17	14
81 ~ 83	18 ~ 20	15
78 ~ 80	21 ~ 23	16
73 ~ 77	24 ~ 28	17
67 ~ 72	29 ~ 34	18
56 ~ 66	35 ~ 45	19
51 ~ 55	46 ~ 50	20

表 C.2　同一或不同实验室来自相同或不同送验样品间发芽试验的容许差距
（2.5% 显著水平的两尾测定）

平均发芽率		最大容许差距
50% 以上	50% 以下	
98 ~ 99	2 ~ 3	2
95 ~ 97	4 ~ 6	3
91 ~ 94	7 ~ 10	4
85 ~ 90	11 ~ 16	5
77 ~ 84	17 ~ 24	6
60 ~ 76	25 ~ 41	7
51 ~ 59	42 ~ 50	8

附录 D　咪鲜胺原药测定方法

定量采用液相色谱法，试样用甲醇溶解，使用 Agilent TC-18 柱（250 mm×4.6 mm），反相高效液相色谱法，UV 检测器，波长 225 nm。

试剂：

甲醇、乙腈为色谱级，水为新蒸双蒸水。

色谱条件：

流动相为甲醇-乙腈-水（30∶40∶30），流速 1.0 mL/min，进样体积 5 μL，保留时间约 12 min。

测定步骤：

（1）溶液制备

标样溶液制备：称取 0.1 g 咪鲜胺标样于 50 mL 容量瓶中，用甲醇溶解并稀释至刻度，摇匀。用移液管移取上述溶液 10 mL 于 50 mL 容量瓶中，用甲醇溶解至刻度，摇匀。

试样溶液制备：同标样溶液制备。

（2）测定：

待仪器基线稳定后，连续注入标样溶液数针，直至相邻两针的峰面积积分值变化低于 1.5% 后，按标样溶液、试样溶液的顺序进样测定。

定性检测采用红外光谱法，分别检测标样与试样，试样与标样在 400~4000 cm 的特征吸收光谱应一致，特征波长参考 GB/T 22623—2008。

附录 E   谷物中吡虫啉残留测定方法

定量采用液相色谱法，试样中的残留用乙腈提取，提取液经正己烷液-液分配后，被测物用丙酮-正己烷洗脱，洗脱液经蒸干，残渣用乙腈-水溶解定容。采用乙腈-水为流动相，高效液相色谱法，UV检测器，波长270 nm。

试剂：

乙腈、丙酮、正己烷为色谱级。

色谱条件：

流动相为乙腈-水，梯度 0 min（5：95）；15 min（25：75）；20 min（5：95）。流速 1.0 mL/min，进样体积 20 μL。

样品提取与净化：

称取 20 g 试样，置于 250 mL 具塞锥形瓶中，准确加入乙腈 100 mL，放置 2 h，振荡后提取 30 min 后过滤。移取 50 mL 滤液于 125 mL 分液滤斗中，加入经乙腈饱和的正己烷 75 mL，猛烈振荡 1 min，静置分层，取乙腈层于梨形瓶中，于 45 ℃ 水浴旋转浓缩近干，加入 5 mL 丙酮，于 45 ℃ 水浴旋转浓缩近干，用 20 mL 正己烷溶解，超声振荡 0.5 min。

将试样溶液倒入弗罗里硅土柱[30 cm×10 cm（内径），底部填充有少量脱脂棉，依次填装 10 g 弗罗里硅土和 2 cm 无水硫酸钠，使用前用 20 mL 正己烷预淋洗]，然后弃去流出液，用 50 mL 丙酮-正己烷（20：80）淋洗，弃去淋洗液。再加入 50 mL 丙酮-正己烷（20：80）洗脱，流速 4~5 mL/min，收集全部洗脱液后于 45 ℃ 水浴旋转浓缩近干，加入 1 mL 乙腈-水（30：70）定容，经 0.45 μm 滤膜过滤后供液相色谱测定。

附录 F　水稻种子包衣操作注意事项

1　精选种子

水稻种子包衣前应经过选择，保证种子纯度和含水量应符合国家标准，使种子包衣后的萌发率不受影响。精选种子的方法可采用风选、机械选种等方式。应保存种子的清洁度,种子表面的灰尘不宜过多时会影响种子包衣的成膜效果。

2　药种比控制

水稻种子具有坚硬的颖壳，包衣药种比不能选择过大，应参考种衣剂的使用说明，一般为 1∶50。

3　操作环境

包衣车间温度一般应控制在 10 ℃ 以上,包衣时操作人员应戴口罩与手套，皮肤不能直接与种衣剂接触。

4　贮　存

包衣完成后，应在 0 ℃ 以上贮存，防止水稻种子受到冻害。包衣后，种子应放置于阴凉处保存数天使得药膜固化，防止强光直射造成种衣剂有效成分分解。包衣后的种子如果需要贮存和长途运输，需要干燥包衣后的种子，使其水分值符合水稻种子水分的国家标准。

附录 G　种子包衣自动化生产线简介

1　水稻种子加工流程方案

丹麦百兴利联合谷物公司的水稻种子加工流程方案见图 G.1：

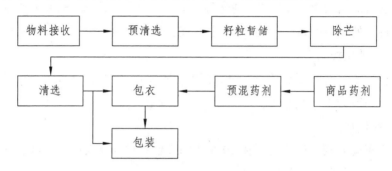

图 G.1　水稻种子加工流程方案

该方案采用进口主机、国产配套的方式实现。

该方案的设备包括：

（1）生产用主机；

（2）排杂、暂储设施，暂储仓，输送机；

（3）物料输送系统；

（4）除尘系统；

（5）供电及电控系统；

（6）包衣、包装的压缩空气供气系统；

（7）包衣机及预混系统。

2　包衣工段流程

包衣机采用 CIMBRIA HEID CC2 ~ CC250 种子包衣机，采用可编程程序控制器（PLC），该系统能够控制连续批次加料，精确控制药剂量的加入，使种子包衣相对于传统的连续包衣方式更加均匀，该系列包衣机的每小时最大种子包衣产出能力为 50 t（图 G.2）。

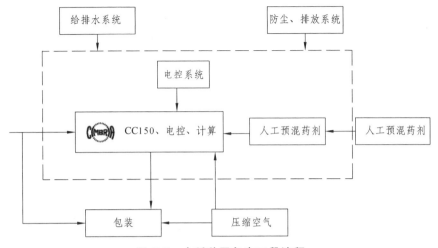

图 G.2　水稻种子包衣工段流程

3　丹麦 CIMBRIA HEID CC150 旋转式种子包衣机介绍

丹麦 CIMBRIA HEID CC150 旋转式种子包衣机是丹麦百兴利联合谷物公司生产的一种连续分批式种子包衣机，是一种可应用于种子加工生产线的全自动种子包衣机（图 G.3）。包衣机的所有参数设置均采用触摸屏操作，保留了原有的"药液甩盘"，配备了单独的"种子甩盘"。该机配有可编程程序控制器，能够根据进料批次设定物料供应、供药量和气动参数，使种子包衣过程协调、自动，包衣速度快，成膜均匀。

图 G.3　CIMBRIA HEID CC150 旋转式种子包衣机

3.1 主要结构及特点

混合仓是种衣剂与种子混合包衣的部位。CIMBRIA HEID CC150 旋转式种子包衣机的混合仓包括圆筒仓、旋转盘和中央离心盘三部分构成（图 G.4）。旋转盘为"种子甩盘"，其内壁表面涂布聚亚胺脂加速种子运动或选装不锈钢内衬以降低高黏度种衣剂的粘连作用；中央离心盘为"药液甩盘"。混合仓底部安装风机，风从固定机架和旋转盘的缝隙中吹入，用以封闭该缝隙，避免种衣剂外泄。每批物料由计量秤落入旋转盘。离心盘将种衣剂喷射到做双曲线运动的种子上。

药液由于中央离心盘的作用充分雾化，与做双曲线运动的种子充分接触，使得在种子上形成均匀膜。整个过程由 PLC 精确控制，协调自动地进行，避免了传统包衣机人工操作的误差，种子的包衣率可达 100%。

如果包衣粉剂种衣剂，种衣剂由喂料处加入。因此，CIMBRIA HEID CC150旋转式种子包衣机适合液体和粉末种衣剂的包衣。

图 G.4　CIMBRIA HEID CC150 主要结构

3.2　主要技术参数

CIMBRIA HEID CC150 旋转式种子包衣机主要技术参数：

批次容量：150 kg（以小麦为参考）；

每小时最大种子包衣能力：18 t；

计量精度：± 0.25%；

最短周期：30 s/批；

最大批/小时：120

配套总动力：约 25 kW；

主驱动：15 kW；

风机驱动：250 W；

除尘吸风量：500 m^3/h；

工作温度：5 ~ 40 ℃；

外形尺寸（长×宽×高）：2.2 m×1.9 m×3.0 m；

总质量：3000 kg（net）。

3.3　安装注意事项

包装机须安装在干燥无尘的室内。工作温度为 5 ~ 40 ℃，环境温度不能低于 5 ℃，避免包衣机损伤。

包衣机必须水平安装固定，所有金属连接必须等电位，气动空气必须无水无油，正常压力为 6 × 10^5 Pa。如果高于 6 × 10^5 Pa，则有可能损坏包衣机的气动系统部件。气动空气的接口在包衣机的顶端，除尘吸风连接口在计量、混合仓和卸料部位（图 G.5），吸风量的设置标准是只吸走灰尘，不能吸走雾化种衣剂。

种衣剂的吸入管路应尽量短，压力不能超过 3 × 10^5 Pa。种衣剂吸入段必须有过滤器，避免种衣剂沉淀吸入（图 G.6）。

种衣剂喂入软管通过钢管固定，末端伸出钢管，离中央离心盘 5 ~ 10 mm（图 G.7）。

3.4　包衣机主要操作步骤简介

（1）开启包衣机：

开启吸风系统；

开启气动供气系统；

开启主开关；

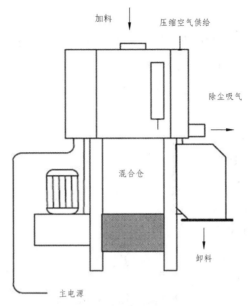

图 G.5 气动装置连接部位

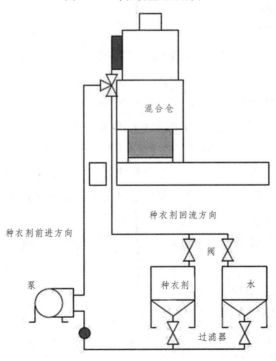

图 G.6 种衣剂供药管路系统

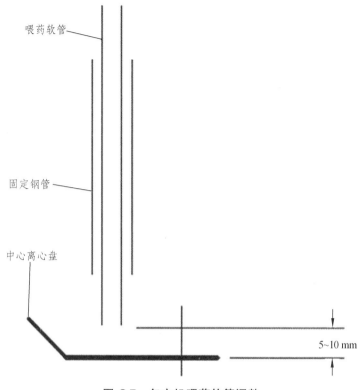

图 G.7　包衣机喂药软管调整

清空计量秤；

清空混合仓。

（2）设定 PLC。

（3）包衣：

准备种衣剂；

检查各项参数设置；

启动混合仓；

（4）种子计量。

（5）终止包衣过程：

由 PLC 自动停止或手动停止。

（6）未包衣材料卸料：

包衣过程发生故障或手动停止后，需排出混合仓中的物料。

附录 H　常见可用于水稻包衣的种衣剂简介

1　亮盾（精甲·咯菌腈）

（1）产品性能与用途

由瑞士先正达公司生产，是一种具有广谱防病、杀菌效果，持续期长，对幼苗生产安全的种衣剂。

亮盾的杀菌谱广。

其有效成分精甲霜灵具有杀灭疫霉、绵霉、腐霉菌等低等真菌和串珠镰孢、禾谷镰刀菌、尖孢镰刀菌、立枯丝核菌、稻德氏霉菌等高等真菌。亮盾具有杀菌活性高的特点，对镰刀菌的杀菌效果远高于常用的杀菌剂如丙环唑、苯醚甲环唑、环唑醇、戊唑醇等。

杀菌效果持续期长。

咯菌腈为非内吸性苯吡类化合物，抑制葡萄糖磷酰化有关的转移，与其他杀菌剂无交叉抗性，种子萌发时可被少量吸收。

精甲霜灵为内吸性苯胺类化合物，能透过种皮，随种子萌发和生长传导到植株的各个部位。

（2）剂型及有效成分

剂型：悬浮型种衣剂；

有效成分含量：咯菌腈 25 g/L，精甲霜灵 37.5 g/L。

（3）使用技术和使用方法：

大豆，防治根腐病，300 ~ 400 mL/100 kg 种子，包衣种子；

水稻，防治恶苗病，300 ~ 400 mL/100 kg 种子，包衣种子。

2　锐　胜

（1）产品性能与用途

有效成分为噻虫嗪，为内吸传导性种子处理杀虫剂，兼有杀胃毒和触杀作用，属于第二代烟碱类杀虫剂，在全球 80 多个国家获得正式登记，成为全球销量第一的种衣剂品牌。锐胜作为种子处理剂，对刺吸式、咀吸式及地下害虫的防治效果明显，持续时间长，明显改善作物长势，应用作物多。

（2）剂型及有效成分

剂型：种子处理可分散粉剂；

有效成分含量：70% 噻虫嗪。

（3）使用技术和使用方法

马铃薯，防治蚜虫，10～40 g/100 kg 种子，种薯包衣或拌种；

棉花，防治蚜虫，300～600 g/100 kg 种子，拌种；

人参，防治金针虫，100～140 g/100 kg 种子，种子包衣；

油菜，防治黄条跳甲，400～1200 g/100 kg 种子，种子包衣；

玉米，防治灰飞虱，100～300 g/100 kg 种子，种子包衣。

3　适乐时

（1）产品性能与用途

用于种子处理，防治作物的种传和土传真菌病害，如小麦根腐病、水稻恶苗病、向日葵菌核病等。

（2）剂型及有效成分

剂型：悬浮型种衣剂；

有效成分含量：咯菌腈 25 g/L。

（3）使用技术和使用方法：

水稻，防治恶苗病，400～600 mL/100 kg 种子，种子包衣；200～300 mL/100 kg 种子，浸种。

4　15% 多·福

（1）产品性能与用途

主要用于玉米、水稻包衣处理，能很快固化成膜、干燥，在幼苗期有防治水稻病害和玉米茎基腐病的功效。

多菌灵为高效低毒内吸性杀菌剂，福美双为保护性杀菌剂，对禾谷类黑穗病、苗期黄枯病有较好的防治效果。

（2）剂型及有效成分

剂型：悬浮型种衣剂；

有效成分含量：7% 多菌灵，8% 福美双。

（3）使用技术和使用方法：

水稻，防治苗期病害，药种比 1∶40～1∶50，种子包衣。

玉米，防治茎基腐病，药种比 1∶30～1∶40，种子包衣。

5 11% 多·咪·福美双

（1）产品性能与与用途

主要用于水稻包衣处理，防治水稻恶苗病。

（2）剂型及有效成分

剂型：悬浮型种衣剂；

有效成分含量：4% 多菌灵，6% 福美双，咪鲜胺 1%。

（3）使用技术和使用方法：

水稻，防治恶苗病，183～200 g/100 kg 种子，种子包衣。

6 2.5% 咪鲜·吡虫啉

（1）产品性能与用途

由咪鲜胺与吡虫啉复配而成，具有防治水稻恶苗病和稻蓟马的功效。

（2）剂型及有效成分

剂型：悬浮型种衣剂；

有效成分含量：0.5% 咪鲜胺，2% 吡虫啉。

（3）使用技术和使用方法：

水稻，防治恶苗病，药种比 1∶40～1∶50，种子包衣。

水稻，防治稻蓟马，药种比 1∶40～1∶50，种子包衣。

7 35% 噻虫·咪鲜胺

（1）产品性能与用途

由咪鲜胺与噻虫嗪复配而成，具有防治水稻恶苗病和稻蓟马的功效。

（2）剂型及有效成分

剂型：悬浮型种衣剂；

有效成分含量：5% 咪鲜胺，30% 噻虫嗪。

（3）使用技术和使用方法

水稻，防治恶苗病，70～87.5 g/100 kg 种子，种子包衣。

水稻，防治稻蓟马，70～87.5 g/100 kg 种子，种子包衣。

8 20% 多·咪鲜·甲霜

（1）产品性能与用途

含有多菌灵、咪鲜胺、甲霜灵，是具有保护和治疗作用的杀菌剂，适用于水稻立枯病的防治，有效防治种子及土壤里的病菌。

（2）剂型及有效成分

剂型：悬浮型种衣剂；

有效成分含量：7%咪鲜胺，2.3%甲霜灵，17%多菌灵。

（3）使用技术和使用方法

水稻，防治立枯，药种比1：60～1：80，种子包衣。

9　6%咪鲜·多菌灵

（1）产品性能与用途

主要用于水稻种子包衣防治水稻恶苗病。

（2）剂型及有效成分

剂型：悬浮型种衣剂；

有效成分含量：0.3%咪鲜胺，5.7%多菌灵。

（3）使用技术和使用方法：

水稻，防治恶苗病，药种比1：40～1：50，种子包衣。

10　30%吡蚜酮

（1）产品性能与用途

属于吡啶类和三嗪酮类杀虫剂，对多种作物的刺吸口器害虫有良好的防治效果，具有触杀作用和内吸活性。

（2）剂型及有效成分

剂型：悬浮型种衣剂；

有效成分含量：30%吡蚜酮。

（3）使用技术和使用方法

水稻，防治稻飞虱，210～300 g/100 kg 种子，种子包衣。

11　3%咪·霜·噁

（1）产品性能与用途

防治水稻恶苗病和立枯病。

（2）剂型及有效成分

剂型：悬浮型种衣剂；

有效成分含量：1%咪鲜胺，1%噁霉灵，1%甲霜灵。

（3）使用技术和使用方法：

水稻，防治恶苗病，50～75 g/100 kg 种子，种子包衣。

水稻，防治立枯病，50～75 g/100 kg 种子，种子包衣。

12　3% 咪鲜·噁霉灵

（1）产品性能与用途

病虫兼防，主要用于防治水稻恶苗病与立枯病。

（2）剂型及有效成分

剂型：悬浮型种衣剂；

有效成分含量：1% 咪鲜胺，2% 噁霉灵。

（3）使用技术和使用方法：

水稻，防治恶苗病，药种比 1：107～1：134，种子包衣。

水稻，防治立枯病，药种比 1：107～1：134，种子包衣。

也可浸种催芽露白后包衣。

附录 I　水稻苗期几种主要病虫害简介

1　水稻立枯病

水稻立枯病是水稻秧苗期的主要病害之一，发病原因主要是低温、温差过大、土壤偏碱、光照不足、幼苗细弱、种植量过大等原因，病株基部腐烂，基部长有赤色霉状物。

水稻立枯病是由真菌引起的土传病害，旱育秧 2~3 叶期是立枯病的主要流行期。

防治水稻立枯病以防为主，防治结合，如做好种子筛选、控制播种密度、加强通风、防寒防冻、提高幼苗抗病能力；发生病害后，可采取多菌灵灌根、敌克松液面喷雾等措施进行处理。

2　水稻恶苗病

水稻恶苗病又称徒长病、白杆病等，近年在我国部分地区发生严重。恶苗病在水稻苗期至抽穗期均可发生，病谷播种后不能发芽或不能出土，苗期发病，病苗比健康菌细高，叶片叶鞘细长，高出约 1/3，叶色淡黄，根系发育不良，部分苗在移栽前死亡。

病原物为串珠镰孢（*Fusarium moniliforms* Sheld），属半知菌纲亚门真菌，分生孢子有大小两型，小分生孢子卵形或扁椭圆形，无色单胞；大分生孢子多为纺锤形或镰刀形，顶端较钝或粗细均匀。有性态为藤仓赤霉[*Gibberalla fujikurio* (Saw) Wr.]，属子囊菌亚门真菌，子囊壳蓝黑色球形，表面粗糙。子囊圆桶形，基部细而上部圆，内生孢子 4~8 个，排列成 1~2 行，子囊孢子双胞，无色，长椭圆形，分隔处稍缢缩。

带菌种子为该病发生的主要初侵染物，其次为病稻草。水稻恶苗病的发生与温度有极大的关系，育秧时，高温催芽发病率高。30 ℃ 以上高温催芽的发病率为 22%~25%；25~30 ℃ 催芽的发病率为 3%；浸种不催芽的没有发病。

水稻恶苗病的农业防治采用选用抗病良种、加强田间管理、加强水肥管理等措施；药剂防治采用抗菌剂浸种或 1% 石灰水澄清液浸种进行种子处理，秧苗期采用 25% 咪鲜胺乳油 1000 倍液处理。大田期发现病株应立即拔除，如普遍发生，还要用 70% 托布津 100 倍液进行处理。

3 南方水稻黑条矮缩病

南方水稻黑条矮缩病俗称"矮稻"，是一种主要由白背飞虱带毒传播的水稻病害性病毒。

该病于 2001 年首先在广东阳西县发现，此后发生范围不断扩大，为害严重。水稻病发后，植株明显矮缩、瘦小，不抽穗或只能抽包颈小穗，穗短谷粒不饱满，实粒少，籽粒轻，结实率低，一般情况造成 20%～50% 减产，严重时甚至绝收。

主要由白背飞虱带毒传播，病毒不能经虫卵传到下代。病原为南方水稻黑条矮缩病毒（Southern rice black streaked dwarf virus，SRBSDV），属植物呼肠弧病毒科、斐济病毒属的一种新病毒，其基因组为 10 条双链 RNA 组成。病毒粒子为等径对称的球状多面体。

该病原病毒由白背飞虱带毒传播，病毒侵入白背飞虱体腔和唾液腺，并在其中大量复制。病毒不能经种传播，植株间也不互相传毒。

水稻感病期主要在分蘖前的苗期，拔节后不易感染。最易感病期为苗的 2～6 叶期，水稻苗期、分蘖前期感染发病会基本绝收。一般中晚稻发病重于早稻，育秧移栽田发病重于直播田，杂交稻重于常规稻。目前尚未发现有明显具有抗病性的水稻品种。

由于南方水稻黑条矮缩病的发病因素较多，不能只采取单一防治措施，应从消灭传染源、治虫防病、治秧田保大田、治前期保后期等综合防治策略，如调整稻田耕作制度和作物布局、加强田间管理、物理防治和药剂防治相结合。

4 稻蓟马

稻蓟马[*Chloethrips orzyae* (Wil.)]，为缨翅目蓟马科昆虫，分布在我国北起黑龙江、内蒙古，南至广东、广西和云南，东至台湾及各省，西达贵州、四川均有发生。以成虫、若虫口器锉破叶面为害，使全叶卷缩枯黄，在分蘖期为害造成成团枯死，穗期为害造成空瘪粒。该昆虫食性广泛，除寄主于水稻外，还寄主于小麦、玉米、粟、高粱、蚕豆、葱、烟草、甘蔗等。

卵为肾状形，长约 0.26 mm，宽 0.1 mm，初产白色透明，后变淡黄色。

若虫共 4 龄，4 龄若虫称蛹，体长 0.8～1.3 mm，淡黄色，触角折向头、胸背面，单眼 3 个明显，翅芽长达第 6 至第 7 腹节。

　　成虫体形微小，体长 1.0~1.3 mm，体黑褐色，触角 7 节，翅淡褐色、羽毛状。

　　稻蓟马生活周期短，发生代数多，第二代开始出现世代重叠，多数以成虫在麦田、茭白及禾本科杂草处越冬。

　　稻蓟马的农业防治主要采取冬季清除杂草、调整耕作制度避免水稻早、中、晚混栽和合理施肥等措施。

　　稻蓟马的防治策略是狠抓秧田、巧抓大田，主放若虫，兼放成虫。

　　可选择喷洒 20% 吡虫啉可溶剂 2500~4000 倍液、20% 丁硫克百威乳油 2000 倍液、5% 锐劲特胶悬剂每亩 20 mL 兑水喷雾。